AF610112

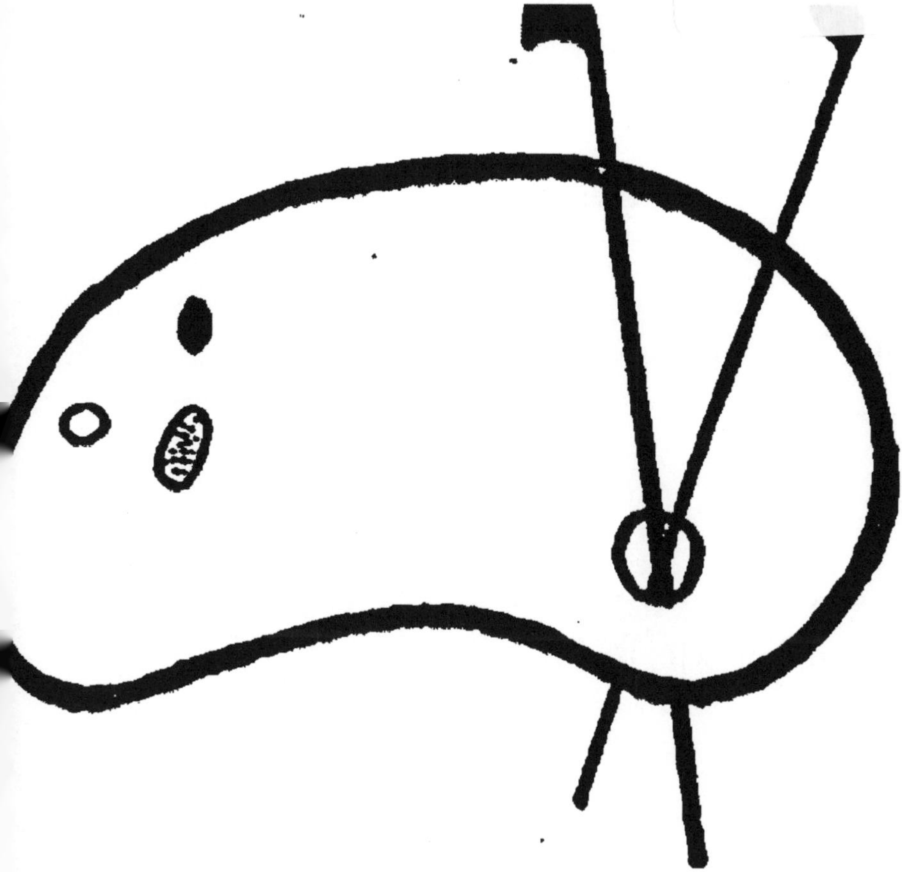

ÉMILE BADEL

Les Monts Sacrés de la Lorraine

Excursions
& Souvenirs

NANCY
IMPRIMERIE LORRAINE
1916

DU MÊME AUTEUR

La Noce de Not' Ugène

Comédie de mœurs lorraines, avec paysanneries lorraines.
Nancy, 10e édition, 1908. 1 vol. in-12 illustré. 2 francs.

Les Cités Martyres de Lorraine

"LUNÉVILLE"

Brochure in-8° de 64 pages de texte, 4 planches hors texte
Nancy, 1915. Imprimerie Lorraine. 1 fr. 50.

Gerbéviller-la-Martyre

Magnifique ouvrage comprenant, outre des articles de MM. Emile BADEL, COURTIN-SCHMIDT, Jean LABATUT, un poème de Léon TONNELIER, avec une préface de M. Léon MIRMAN, préfet de Meurthe-et-Moselle, huit vues photographiques de la cité détruite et un portrait de l'héroïque Sœur Julie. — Nancy, 1915. 1 vol., format album. 2 francs.

LES MONTS SACRÉS DE LA LORRAINE

Excursions et Souvenirs

NOTRE-DAME DE SION

L'image Miraculeuse de Nostre Dame Reuerée
depuis sept cent ans et plus en leglise du mont de Sion des
Relig. Tierceliers de S. Fran. en Lorraine au Comté de Vaudemont

ÉMILE BADEL

LES

MONTS SACRÉS

DE LA

LORRAINE

Excursions et Souvenirs

PRÉFACE

Et sic in Sion firmata sum et in civitate sanctificatâ similiter requievi !

Un livre, superbe de style et rempli de pensées morales, mais étrange et pénible de fond — surtout pour des catholiques et des lorrains — a paru il y a quelques années sur le pèlerinage de Sion-Vaudémont...

J'avais eu l'intention de consacrer une longue étude à ce livre et aux tristes épisodes qu'il rappelle. L'heure n'est pas venue, l'heure est au recueillement et à l'union sacrée.

Plusieurs fois, des membres du clergé, des amis de notre Lorraine et de notre chère Colline de Sion me demandèrent d'écrire la « glorieuse et triomphale histoire de la Vierge de Lorraine ».

Mais les écrivains du crû, quand bien même ils auraient de suffisants loisirs, sont généralement trop pauvres pour faire éditer de gros volumes. Il n'appartient qu'aux Parisiens de trouver de beaux bénéfices en librairie, sans débourser un liard pour l'impression de leurs manuscrits.

Toutefois j'ai pensé — aux heures tragiques que nous traversons — qu'il serait peut-être bon de réunir, en un modeste opuscule, quelques pages consacrées naguère aux Monts sacrés de notre Lorraine, à ces collines inspiratrices de bravoure et de vaillance, de sainteté et de dévouement, qu'on appelle Sion et Vaudémont, Amance et Bouxières, Lay-Saint-Christophe, berceau de Charlemagne, Mousson et Prény, qui regardent Metz, la cité vierge qui attend sa prochaine délivrance et qui regarde vers nos Collines de Lorraine d'où le salut lui doit venir... *Levavi oculos meos in montes, unde veniet auxilium mihi !*

Aux Lorrains, il convient de rappeler ce qu'on voit, du haut de ces Collines sacrées de chez nous; de redire leur glorieuse histoire, car ce sont les purs joyaux de notre Couronne ducale...

Et adhuc Spes durat avorum !

Emile BADEL.

A Sion, le 14 Octobre 1915.

UNE LETTRE

A la suite d'un tout récent pèlerinage à Sion, j'ai reçu cette lettre, dont l'auteur est une âme religieuse et lorraine, hautement appréciée de ceux qui la connaissent :

Cher Monsieur et Ami,

Vous avez le souvenir gracieux et le cœur fidèle ; je le vois aux multiples témoignages qui m'arrivent depuis que vous m'avez quitté.

Merci de vos bons et sincères hommages qui viennent vers moi comme d'aimables vagues de reconnaissance et de caresses.

Je me réjouis du plein succès de votre voyage ; vous avez un sens flatté délicatement notre pays par votre enthousiasme.

Chez nous, un instant, vous avez détendu vos nerfs, distrait vos émotions, rafraîchi vos pensées, fortifié votre cœur, ravivé les saintes flammes du dévouement.

Mais je ne mérite pas toutes vos grâces : le temps, le ciel, le décor délicat, l'amitié charmante m'ont prêté, pour vous recevoir, une utile collaboration.

Et nous avons communié dans des idées, dans des émotions qui nous dépassent infiniment.

Qu'elle est belle notre Lorraine quand, après un an de guerre, après des anxiétés poignantes, d'invraisemblables dangers, une dépense fiévreuse d'activité, de force et de pensée, on s'arrête tout à coup pour la regarder vivre, rayonnante et jolie comme d'habitude, toute à son travail rythmé.

C'est ce qui vous est arrivé de découvrir *chez moi*, et je comprends votre ivresse.

Derrière ce front hérissé d'armes dont le tapage effrayant nous parvient en grondements assourdis, derrière ces tranchées sanglantes dont les drames quotidiens obsèdent notre pensée, derrière ces pauvres poitrines humaines qui nous défendent et nous conquièrent héroïquement l'indépendance et le bonheur, comme il est bon au journaliste fervent qui n'écoutait que les bruits de guerre, à l'annaliste pieux qui décrivait les ravages et honorait les martyrs, de venir se reposer dans un paysage calme que rien n'a dérangé ni sali, et d'apercevoir l'excellente terre de Lorraine qui, noblement, face à l'ennemi, coquette et fière, poursuit sa tâche solennelle.

Je suis heureux, cher Ami, de vous avoir offert ces trop courtes minutes pleines de charme et de grandeur.

Oui, qu'il faisait bon contempler, du haut de cet antique reposoir de Vaudémont-Sion, l'innombrable campagne qui s'étalait à nos pieds, riante et préservée.

Le ciel avait une douceur inexprimable, comme pour mieux s'associer aux religieuses admirations qui emplissaient notre âme.

Rien de trop éclatant, rien de dur, ne heurtait nos yeux; sous les brumes qui les voilaient, les merveilleuses teintes de l'automne faisaient à la terre une toilette émouvante, des parures inexprimablement tendres.

Les collines voisines avaient des contours exquis; dans la lumière diffuse qui les baignait, leurs formes gracieuses semblaient s'alléger, devenir aériennes, et l'on apercevait vaguement leurs reliefs successifs et confus flottant dans des vapeurs dorées.

Je comprends le bienfait et la surprise d'une telle vision sur une âme qui porte quinze mois de guerre !...

Et je vous sais gré, du même coup, de m'avoir procuré l'occasion, par votre passage, de savourer, une fois de plus, l'incomparable beauté de nos sites pleins de souvenirs.

Vous étiez pour moi l'excitateur sympathique qui réveilliez l'enthousiasme assoupi.

Nos âmes recluses et fortunées contemplent trop à loisir les belles formes du cadre où elles vivent : le joli mouvement de nos champs nous est trop familier, le regard passe sans s'attacher, l'admiration se blase, la sensibilité s'éteint.

Pour rallumer le brasier de nos ferveurs, il suffit d'une étincelle : votre visite nous l'a donnée.

Car l'union de cette terre avec nos cœurs est étroite; un échange perpétuel de flamme et de courage se fait avec ce paysage chargé d'histoire et d'images; les liens sont forts; dix années de contact les ont fait indestructibles.

Comme dans les mariages bien assortis, forts de leur durée, les émotions restent nombreuses, mais délicates et calmes; elles gagnent en profondeur ce qu'elles ont perdu en fièvre.

Chez moi, l'ambition n'a jamais battu plus vite que le cœur, et je m'attache au finage où mon cœur est content. . . .
. . . .

A. S.

Les "Beauvoirs" de la Lorraine

Rien n'est beau, en les chaudes journées d'août, premier signal de fructidor, comme nos horizons de Lorraine, avec les coteaux dont les verdures se foncent, avec les grands bois ombreux, dorés par le soleil, avec les rubans argentés de nos fleuves et de nos riviérettes, coulant limpides en nos vallons fertiles.

C'est partout la joie de vivre et d'aimer, la douceur des lentes promenades sur les routes ou par les sentiers plus discrets, le bonheur de passer en paix d'heureux jours.

A la campagne, dans tous nos villages, la vie s'écoule, occupée, sous le beau ciel éclairé du « grand Brûlant d'en haut », qui fait mûrir les raisins et les fruits, les fruits lourds et juteux de tous les *meix* et de tous les vergers.

Aux vignes, où passent, effarés, des lièvres rapides, c'est la dernière toilette avant la vendange, car l'on dit que le vin sera bon cette année et qu'il en entrera « donc moult » dans les caves et dans les celliers.

Partout, sur les coteaux comme dans la plaine, la vie rayonne: au bord des eaux, les pêcheurs relèvent leurs nasses et leurs verveux; les gamins, en vacances, courent le long des rives, à des rapines légères de fruits, mirabelles et *pucelottes* tombées.

Et puis l'on fane l'herbe des prés, le regain, plus ou moins abondant suivant les années; dans les *pâtis*, de grands troupeaux de vaches paissent en liberté, se cossant des fois l'une contre l'autre, de leurs cornes affilées, au désespoir bruyant du bouvier ou du pâtre communal, que nous appelons le « marcaire » ou marcart.

Plus haut, dans les vergers, c'est la pluie d'or des mirabelles... un solide gars est monté dans l'arbre et... les fruits tombent sur l'herbette, embaumant, dessert exquis de nos tables lorraines en la saison d'automne. Et toute une famille est là pour les recueillir en des *cendrions*, ou bien encore dans des hottes, des paniers et de longues *charpagnes* d'osier.

Les poires, les pommes, les *quoiches* et les noix, les brugnons et les pêches, tout mûrit vite sur les arbres, et les claies se préparent, et les greniers vont s'emplir par ces beaux jours des étés lorrains.

Déjà l'on recommence les labours aux fortes terres rouges ou violettes; bientôt vont reparaître aux prés les veilleuses endeuillées de l'automne, annonciatrices des brumes et des premiers frimas.

Le soir vient vite en nos villages de Lorraine, et avec la nuit, dès sept heures, il descend comme une fraîcheur perfide, nuisible aux poumons délicats.

C'est l'heure des mélancolies et des rêves, l'heure triste entre toutes les heures, où l'isolé voudrait trouver paix et joie du foyer, l heure où l'âme se replie après l'envol du jour, l'heure où tout se rapetisse et prend figure d'insaisissables fantômes.

La campagne se tait... se taisent aussi les mille bruits de la terre et des bois... on n'entend plus que, très loin, le sifflement d'un train de nuit dans la vallée, ou bien l'éternelle plainte d'une naïade abandonnée sous la roue d'un vieux moulin, ou bien encore le vol étouffé d'un oiseau nocturne et le roulement d'une carriole attardée sur la grand'route solitaire.

La lune monte dans le ciel noir... les gens du village sont couchés de bonne heure, et seul, face à l'immensité du plateau, devant la ligne mystérieuse des géants des Vosges, on s'en va contempler un paysage de féerie baigné dans une adorable lumière blanche.

La nuit est douce... seul, passe, en caresse délicieuse, un petit vent du soir qui vous saisit à la gorge, soupir dolent des vieux, endormis depuis des siècles, qui se désolent à cette heure de voir *leurs* vignes qu'ils ne vendangeront plus, de sentir *leurs* bons fruits parfumés qu'ils ne récolteront jamais, jamais plus.

Fffluit... ffluit... c'est la brise embaumée des soirs de septembre qui passe, légère, à travers le pays lorrain.

⁂

Et du haut de ce *beauvoir* de chez nous, au-dessus des prés et des vignes, au-dessus des vergers et des chènevières... la vue s'étend, s'étend à des lieues.

Ici, l'air est plus pur, le cœur plus à l'aise, les pensées plus fortes et plus fécondes.

Il fait bon monter, tout au matin des jours clairs, sur ces terrasses de verdure qui dominent le cher pays des ancêtres, la terre de Lorraine, à jamais fondue en terre de France, Terre Major.

Et qu'ils sont nombreux, qu'ils sont faciles à escalader, ces *beauvoirs* de chez nous, côtes à vins, plateaux boisés, collinettes qui nous semblent des monts, *miradors* qui dominent nos vallons et nos campagnes.

C'est, proche Nancy, les Hauts-de-Chèvre et de Lièvre, la pointe moulinière de Vandœuvre, les abruptes montées de Malzéville et de Sainte-Geneviève, le Pain-de-Sucre ferrugineux et la côte d'Amance aux murailles démantelées.

Voici Bouxières et sa pelouse aux nonnettes d'antan, Custines où revient errer, des fois, l'âme de l'infortunée Marie Stuart, et puis Mousson, aux murs gigantesques qui regardent Metz-la-Pucelle, et puis encore Prény, la redoutable forteresse de nos ducs vaillants, Prény avec ses enceintes, ses tours prodigieuses et ses terribles oubliettes.

D'autre part, en la vallée de la Moselle, c'est l'ascension de Liverdun, où saint Euchaire, le martyr de Pompey, porta sa tête coupée, dans ses mains d'apôtre, les mains belles et pures et tant de fois bénissantes; c'est Toul, le cher foyer leuquois, avec son opulente ceinture de côtes qui donnent le vin fort et généreux, et que surmontent aujourd'hui les canons de la défense, Toul avec Barine qui semble le tombeau gigantesque des héros de la cité, avec le Saint-Michel tonnant qu'un des nôtres a si bien surnommé : *Au Péril de la terre.*

C'est aussi, vers le Madon glauque aux infinis méandres, le pittoresque bois d'Anon, entre Vézelise et Colombey, le plateau miraculeux de Sion-Vaudémont, terre d'histoire et de légendes, où les bannières des preux s'unissent aux oriflammes de la Vierge lorraine, où l'on découvre tout le sol des ancêtres, où, par centaines, l'on peut dénombrer les villages, les bourgs, les hameaux et les censes.

Et les Thabors de la Meurthe, du Sânon, de la Vezouse, de la Mortagne, tous les coteaux de chez nous, *montées* portant vin au-dessus des champs de froment et des verdoyantes prairies : la grimpée de Méhon sur Lunéville endormie, l'ascension du Léomont, sanctuaire de la Diane antique, l'escalade du Reuhbêtant qui plonge sur Dombasle, ses soudières et ses salines — et par dessus tout, ces géants de pierres entassées, de pierres ciselées et fleuries avec amour, et qui sont les deux tours de Saint-Nicolas, *thabor* séculaire dressé en plein cœur de Lorraine, et d'où la vigie peut crier, comme le pilote aux nautonniers : Terre, terre ! toute la terre que j'aperçois est bien nôtre !

⁂

Nous irons ainsi sur ces *beauvoirs* ou merveilleux *thabors*, jouir des splendeurs de la nature, admirer les paysages aimés et les sites connus, contempler, dans les solitudes de là-haut, ces vaux et ces monts, ces replis de terrains où se terrent les bons paysans de nos villages, ces forêts où vont courir nos chasseurs, ces champs étendus qui nous donnent la vie, depuis des siècles et des siècles.

***

J'étais monté hier sur l'un des points extrêmes de ce pays de Lorraine.

Seul, par un chemin creux bordé de prunelliers, au milieu des senteurs exquises des blés mûrs en *trézeaux*, j'avais voulu voir un lever de soleil d'été lorrain.

Il était trois heures du matin. Il faisait nuit, très nuit... partout la grande obscurité, avec, parfois, un pâle rayonnement d'étoiles lointaines et de voie lactée.

Et il y avait comme un léger ventelet qui passait par le chemin creux, une brise de nuit tellement douce qu'elle semblait caresser les choses, abattues par la fièvre du soleil brûlant.

En haut... c'était la paix, le silence et la nuit.

Rapide, une déchirure se fait soudain dans l'air, et du blanc se laisse voir, très loin, vers les Vosges qu'on devine, du blanc sale et jaunâtre, qui s'effrange, s'étend par bandes striées et lentement barre l'horizon violacé.

Peu après, c'est un nouveau décor, planté par un mystérieux machiniste sur le théâtre du ciel.

Il semble qu'un effroyable incendie dévore quelque part un morceau d'étoile ou de planète, car du rose apparaît, et puis du rouge, et toujours, sur les stries vertes, blanches, bleutées, des rayons sanglants qui s'allongent, sinistres.

C'est grandiose ainsi, et cela dure avec d'infinis changements, cela dure une heure à peine, en passant par des tons et des couleurs d'une extrême variété : vert pâle et rose chair, vert d'eau, pourpre et rouge vif, carmin et feuille naissante, bleu d'azur et safran, rose-thé et camélia... toute la palette d'un peintre, toute la flore de nos serres, toute la gloire de nos jardins de luxe.

Les nuages reculent, reculent toujours devant ce rideau

magique qui se déroule, devant ce décor royal qui éblouit les yeux et qui apporte du jour, du feu, de la lumière et de la vie.

Les choses mortes de la nuit revivent toutes, insensiblement, baignées dans cette grande lueur des cieux... et les eaux blanches de nos rivières, les coulées claires de nos ruisseaux réfléchissent ces merveilles qui luisent au plus haut des airs, dans l'immensité.

Et du feu rose et rouge sort de ces profondeurs... et le rouge pâlit bientôt, et c'est alors comme une gaze de satin-paille aux bordures d'améthyste, comme des moutonnements orangés où des jaillissements subits de flocons blancs agrafent des dentelles et des guipures crémeuses... et c'est enfin, au-dessus de la crête des Vosges qui se dessine, toute noire, sur un fond rose et clair, c'est un rayon de feu, une flamme immense qui, de Raon-l'Etape et Saint-Dié, atteint Méhon, Léomont, Saint-Nicolas et les points culminants de Nancy.

L'éclair brille au-dessus des monts boisés, la flambée du ciel grandit... c'est un sceptre de feu ou mieux un filon d'or pur... et puis, le rayon se brise... et c'est une gerbe, une fusée d'or liquide qui jette et projette des milliers d'étincelles.

Et tout d'un coup, dans cette fournaise, l'astre apparaît dans sa gloire, radieux, éblouissant... *nec pluribus impar*, tel un foyer de métal incandescent, miroir d'argent à force d'être en feu, le roi de la nature, le roi de la création divine, le Soleil, vie et fécondité des mondes, qui va fournir, sur l'azur immaculé d'août, sa course quotidienne, exécutant sa double loi : lumière et chaleur, intelligence, amour.

***

Ces levers de soleil, nos pères les ont vus, pareils, depuis des millénaires, et ceux qui menaient paître les bêtes, les moutons, les cochons ou les vaches, voire, au bord des rupts, les *marcarts* avec les chevaux des laboureurs, et ceux qui œuvraient les bons champs familiaux, et ceux qui poussaient la charrue, et ceux surtout qui montaient aux vignes, les vignes étagées, morceaux sacrés des héritages de Lorraine.

Les vignes ! Ah ! les bonnes vignes qui ne veulent pas mourir encore et qui vous ont des poussées de sève et de puissant « revenez-y ».

Redescendant du Thabor où j'avais vu la gloire du soleil, à travers les vergers d'en dessous, j'apercevais les coteaux de grosse terre rouge, de terre lorraine qui fumait au matin clair, glaise déjà retournée et qui se préparait au mystère des germinations futures.

Entre ces terres au pur froment, où venait de sortir la moelle des hommes, comme disait Homère, et les bois sombres d'en haut, c'était l'étendue des vignes, la succession des arbustes verts, à l'entour du *paisseau* desséché.

A l'orée des vergers, où des senteurs de fruits mûrs s'épandaient, subtiles, parmi le thym, la menthe et la lavande des entours, c'était la vision merveilleuse de tout le ban vignoble, depuis les prairies où serpentait la rivière poissonneuse, jusqu'aux champs labourés et aux simples boqueteaux couronnant les collines, qui s'en allaient, moutonnantes, vers l'horizon laiteux.

Côte à vins ! Est-ce que notre Lorraine n'est pas encore, malgré le malheur des temps, une vraie côte à vins, de Thiaucourt à Bayon, de Pagny à Crévic, de Frolois à Brûley et à Millery, sans oublier Custines et le Clos-Ducal de Saint-Max ?

Les vignes, les bonnes vignes que le Seigneur a faites, et qui ont vaillamment duré depuis des siècles, les vignes s'étendent sur les flancs méridionaux de nos coteaux, à perte de vue, avec leurs milliers de paisseaux, mis en *moue* durant l'hiver, avec, çà et là, de jolis pêchers aux roses fleurettes d'avril, avec aussi, entre les ceps, des fèves, grosses et menues, *de la joûte* (des choux), ou même, ce qui vaut mieux, absolument rien du tout.

Et les vignes montent et descendent, tournent le coteau, s'agrippent où elles peuvent, s'en vont au diable, *au plomb-soleil*, en de folles dégringolades, ou bien s'entassent, comme de hautes et puissantes dames, en véritables gradins d'amphithéâtre.

A mi-côte, sur le chemin qui tourne et retourne, entre des haies ou des murs bas de pierrailles sans mortier, les gens du finage, les simples et les bons, ont dressé un autel — reposoir des champs en la dure montée caillouteuse.

Et là, sur le banc de pierre grise, les hommes se relayent avec leurs tendelins, les femmes, dont la hotte a ravagé les jupons courts, s'asseoient pour un bon moment, tandis que les fillettes en vacances tressent des couronnes de pâquerettes ou de genêts dorés.

Et sur l'autel, miséricordieux et bon, d'une tristesse infiniment douce, un Christ est là, bon Dieu de pitié, regardant les vignes, la *Côte à vins* du pays lorrain, tout le ban qui va mûrir et produire à nouveau le bon vin qui réjouit le cœur de l'homme.

Il y a trois siècles et plus que ce vieux Christ est là, dans ce chemin creux qu'ils appellent la *Viacelle*, trois siècles qu'un naïf et pieux ymaigier de ce temps-là le sculpta bellement dans un bloc de pierre blanche, trois siècles qu'Il a vu de ses yeux — les tristes et les doux — les vignes se couvrir de feuilles et de raisins, les gens du lieu tailler, fouiller, ficher, chaoutrer, dépaisseler tour à tour, et qu'Il a vu aussi les bonnes vendanges du temps passé, les cuves emplies à déborder, les gelées aussi, les terribles gelées de mai au plateau lorrain.

***

Les côtes à vins s'en vont, côtes en long et côtes en large, pareilles, toutes, à travers le val du Madon ou du Sânon, du Rupt-de-Mad ou de la Mauchère, de la Moselle ou de la Meurthe, les côtes garnies de vignobles fameux, les côtes aux bons vins lorrains qui vont se révéler après chaque année chaude, les côtes que nos pères ont tant de fois défoncées et comme pressurées, les côtes aux riches héritages ancestraux, séparés par d'humbles sentiers glissants, tapissés de violettes au printemps et feutrés d'herbe verte.

Ah ! les bonnes côtes lorraines, les *thabors* de chez nous, où nos pères ont mis leur âme, où le soleil va faire des miracles, où la terre vient, cette année encore, de travailler lentement à nous donner ce vin si précieux et si doux et qui va ranimer tous nos cœurs !

Sion et Vaudémont

I

Il pleut... cela nous change un peu du soleil et de la chaleur torride... il pleut, des nuages épais courent sur les côtes à vins de la vallée du Madon... il pleut, les sentiers sont mouillés et des gouttelettes de diamant pendent, par myriades, aux épines des haies, aux branches des arbres, aux *gratte-cul* et aux *poches* qui rougeoient.

Il pleut... le plateau de Sion est tout embrumé : il y a des vols rapides de nuées qui font un voile ténébreux à cent mètres; il y a des bruits étouffés sur ces hauteurs, parmi les vignes où les raisins *mêlent*, abondants; il y a du vide, du désert et du silence sous les tilleuls centenaires et sous les arbres qui ceignent de verdure l'église de la Vierge lorraine.

Mais quelle jouissance quand même et... parce que... car il n'y a personne à Sion, personne à Vaudémont, personne pour recevoir l'ondée bienfaisante qui tombe, fine et parfumée, personne sur les routes, personne sur le plateau, personne dans l'église miraculeuse, personne dans le monastère cadenassé et clos, où je puis cependant errer en toute liberté, rêvant à des choses.

Il pleut... c'est peut-être le meilleur moment pour visiter Sion et chercher la trace des ancêtres.

* * *

Rude est la montée par les sentiers escarpés, par les raidillons caillouteux qui confluent à la route en lacets, et qui, à des jours, semblent des chemins vivants, à des jours où, par milliers, les Lorrains vont faire l'ascension de la sainte montagne de Sion.

Les vignes, les champs de pommes de terre et de lisettes, les bonnes luzernières et les vergers, s'étagent aux flancs de la colline, où nos pères ont tant œuvré, face au pays lorrain, développé à des lieues.

Il y a là des manières de rustiques oratoires, des chapelles des champs et des bois, où, nombreux, les simples ont gravé leurs noms; il y a là un Calvaire immense qui regarde les fumées de Tantonville et qu'on a tapissé de vieilles pierres tombales, arrachées à des *aitres* disparus.

Les os de ces gens de Lorraine se sont mués en poussière blanchâtre, ou bien sont épars, brisés, dans les vignes et les chénevières... et la dalle moussue est restée, portant, en leur naïve orthographe, les noms du grand Pierre, de la Catherine et du Colas, du Minique et du François de Praye.

Plein les champs où il pleut très dru, il y a comme des petites *bouilles* d'eau chaude et des vapeurs qui s'élèvent... ce sont les âmes des terriens, encloses depuis des millénaires, et qui sortent, impalpables, pour faire leur oraison à la Vierge de Sion, quand les gens *d'à c't' heure* n'y sont pas.

Et, tout seul sur le plateau, processionnant à l'aise sous l'averse chaude d'août, j'ai eu la vision de ces gens d'autrefois, prenant d'assaut et bruyamment la colline miraculeuse.

Ils passaient : les serfs attachés à la glèbe, les femmes des villages en cottes rouges et en fichus de lin, les enfants et les jeunes filles, les vieux, courbés par l'âge et qui tiraient la jambe, aussi les mères-grand dont les yeux étaient comme usés, aussi tous les humbles, les pauvres, les dolents, tous ceux que la vie avait accablés et qui venaient ici chercher l'espoir, le secours, un divin réconfort.

Il y avait des ouvriers des villes et des gens de labourage, des bourgeois des cités fortes et des seigneurs altiers et turbulents; il y avait des dames montées sur de blanches haquenées, à côté de pages élégants et de fiers écuyers.

Il y avait les grands et les petits *chevau* de Lorraine, tout l'armorial du temps passé, il y avait les comtes de Vaudémont, les sires de Frolois et de Craon, les Bassompierre, les Ludre et les Pulligny; il y avait surtout nos ducs, venant offrir leurs dons et leur couronne à la Reine et Souveraine de leur duché.

Derrière, venaient les moines de tous ordres : les Tiercelins qui desservaient le pèlerinage, les Bénédictins et les Capucins, et bien d'autres de toute robe et de toute couleur, et les abbés et les évêques crossés et mitrés, et saint Gérard de Toul, le fondateur de Sion au pays de Vaudémont.

***

Ces gens allaient, ombres du passé mort, par les chemins où scintillaient les gouttelettes diamantées, et c'était toute l'histoire de la Lorraine qui se déroulait là, l'histoire de la montagne de Sion, célèbre chez nous depuis des siècles.

Ah ! ce qu'elle a vu, la côte de Sion, ce qu'elle a vu ! ! !

Quelle chronique merveilleuse depuis les temps reculés de saint Gérard jusqu'aux misères de la guerre de Trente-Ans, depuis les splendeurs des pèlerinages jusqu'aux récentes manifestations populaires, depuis les bannières de Lorraine et de Metz, jusqu'à l'écusson de marbre engravé, criant là-haut, par-dessus les plaines et les monts : *C'n'ame po tojo !* Non, ce n'est pas pour toujours !

La colline de Sion a vu bien d'autres choses : aux âges de foi, les paralytiques y ont marché, les aveugles y ont vu et les muets soudainement y ont parlé.

La confiance a régné sur ces hauteurs, aussi l'espoir, aussi la tendresse naïve, aussi les explosions pieuses de la joie et de la gratitude infinie.

On y venait de bien loin, on y vénérait l'image, belle et attirante, de la Mère et de l'Enfant, l'Enfant à la colombe d'amour et d'innocence.

***

Et pendant que ces théories d'âmes lorraines processionnaient lentement le long du plateau de Sion, un singulier phénomène apparut.

Les nuées chargées d'eau passaient au-dessus de la Vierge d'argent qui surmonte la tour neuve et domine le pays d'alentour... et ces nuées traversées par le soleil d'au-dessus, laissaient échapper les couleurs de l'arc-en-ciel; et, des mains bénissantes de la Vierge de chez nous, il y avait comme des gouttes qui tombaient, tombaient par poignées, par myriades et myriades, sur les gens, sur les choses, sur toute la terre, les moissons, les vergers et les vignes.

J'entrai dans l'église, déserte et sombre, suivant les âmes de nos pères.

Et, malgré la tristesse du jour, malgré la solitude, malgré le délabrement des murailles peintes, malgré tout, j'entendis le plus merveilleux cantique chanté en l'honneur de la Lorraine, de sa foi, de son histoire et de ses enfants.

Une voix disait : « Soyez bons, soyez doux, soyez miséricords ». Une autre murmurait : « L'amour seul a vaincu, la haine n'a jamais rien pu ! »

Et une troisième, lentement soupirait : « Qu'importent les tribulations et la douleur, les cris des méchants ou des envieux, si l'âme et la conscience sont en paix ! »

Oui, être bons, oui, aimer le bien, la vérité, la justice, avoir foi en l'avenir, espérer en ses frères et semer le plus possible de fraternité, de tendresse et d'amour !

Les chemins de Sion pleurent, oui... en cette matinée de fin d'août, où les nuages chargés de pluie passent, en puissantes envolées rapides, sur le plateau aux glorieux souvenirs.

∴

Une éclaircie ! Les nuages sont loin, loin, couvrant les vallées et les plaines... et une vaste déchirure se produit, un rayon d'or apparaît... c'est le soleil qui vient réjouir les cœurs et ouvrir ce théâtre splendide : le *Panorama de Sion*.

C'est d'abord le sommet abrupt et étroit, parsemé de tilleuls, de chênes, de sapins et d'épaisses broussailles; c'est la tour solide qui resplendit et d'où s'envolent maintenant les voix de bronze du sanctuaire lorrain; c'est le cirque harmonieux, la crevasse verdoyante où se terre Saxon, hamelet tout riant, dont les maisons blanches semblent avoir été jetées, comme ça, à la poignée, par un bon géant de Sion.

En face, Vaudémont, à l'extrême pointe du plateau, Vaudémont, nid d'aigle — berceau des alérions qui ont pris leur essor vers le Danube des Habsbourg maudits — qui domine tout l'ancien comté, et qui dresse encore sa tour Brunehaut et ses murailles énormes, démantelées.

A Vaudémont, comme à Prény, à Mousson ou bien Amance, c'est la force et la vaillance, c'est le souvenir des preux et des hardis chevaliers, la *remembrance* des sièges, des guerres féodales, des assauts et des défenses héroïques.

Il y a de la gloire dans toutes ces pierres usées et noircies; il y a des prouesses incomparables à travers ces ruines gigantesques; il y a aussi des souffrances et des deuils en ces souterrains et ces meurtrières.

Haute sur le ciel embué, très haute et majestueuse, la tour Brunehaut épaissit sa carrure et montre ses blessures atroces, son côté ouvert, son front découronné, ses pieds chancelants.

Des chats se poursuivent dans les embrasures où des racines ont grandi, descellant les moellons; et il y a, au bout d'un cordeau, une bique qui broute l'herbe où les suzeraines d'autrefois faisaient chanter les trouvères et baller ménétriers et jongleurs.

Autour, les fossés, les murailles... ce qui fut le terrible château-fort des Vaudémont, ces rudes joûteurs qui firent prisonnier René Ier aux champs fameux de Bulgnéville et qui montèrent peu après au trône de Lorraine.

En Vaudémont, des ruines, encore des ruines, des souvenirs du temps jadis : croisées d'ogive, écus martelés, précieuses figurines enchâssées aux murs des maisons et des granges, chapiteaux fleuris, pierres d'autrefois avivées par le ciseau de nos artistes, et qu'on a reléguées avec le passé mort.

Et pourtant ce Vaudémont, qui regarde la tour blanche de Sion, c'est plus qu'un village du pays lorrain, plus qu'un fief de quelconque seigneurie... *c'est le berceau de la race*, c'est là qu'il faut venir pour retrouver la tradition, pour savoir ce qu'ils ont fait, nos princes avec nos pères, pour comprendre ce qu'ils ont voulu et comment et pourquoi ils ont combattu pour la France contre les prétentions germaniques... toujours !

De Vaudémont, quand le temps est bien clair, on voit — comme aussi de la tour de Sion — toute la terre de Lorraine, absolument toute, depuis les Vosges nettement découpées jusqu'aux extrêmes communes de Sarre et de Seille, depuis Delme et Amance jusqu'à Mousson et Prény, depuis les forts de Toul jusqu'à La Mothe-en-Bassigny et aux Faucilles d'outre Meuse et Marne.

Et c'est là que nos pères ont vécu, dans toute cette étendue, dans ces villages qui sont visibles par centaines, dans ces villes et ces menues bourgades qui gardent toujours leur aspect d'autrefois.

C'est là que la race a grandi et s'est développée, qu'elle est devenue forte, puissante et vaillante; c'est là que nos ancêtres ont pris la fermeté du caractère, l'ardeur au travail, l'âpreté au gain, l'endurance à la souffrance, la probité et l'honneur.

Pays lorrain, *terre de chez nous !...* quelle splendeur et quelle richesse, quelle joie de te contempler des hauteurs sacrées de Sion et du *Thabor* héroïque de Vaudémont.

Sur tout cela, ces terres et ces mamelons verts, sur ces bois et ces plaines, sur les ruisseaux et les rivières qui serpentent, sur l'azur des cieux que le soleil vient enfin de révéler, entre Metz et Strasbourg qu'on devine... sur tout cela, il y a une couronne immense qui étincelle, la couronne aux sept couleurs, le symbole de l'alliance et de l'union, de la paix et de la fécondité.

Vaudémont, c'est le passé héroïque de nos pères; Sion, c'est le refuge des âmes et des cœurs meurtris; au-dessous, c'est la vie, la lutte, la charrue et l'outil, la souffrance et la mort; au-dessus, c'est la lumière, c'est l'idéal, c'est l'avenir, c'est Dieu !

II

Un bruit court, ironique, et répété à chaque arrêt du train, le long des villages du Madon :

« — Ce sont des *câcattes* qui vont à Sion ! »

Câcattes, si l'on veut... mais ces humbles femmes de Lorraine qui montent ainsi à toutes les stations, aux premières heures du jour déjà frais, ne semblent pas bien terribles ni bien dangereuses pour l'ordre social.

Elles font, elles, leurs gamines et leurs *râces*, elles font ce qu'elles ont toujours vu faire, depuis des années; elles suivent simplement le sillon de la tradition locale : elles vont à Sion, aux pieds de Notre-Dame de Lorraine, comme d'autres vont à Saint-Nicolas, en mal d'hyménée, d'autres encore « au Bon Père de Mattaincourt » pour des guérisons du corps et de l'âme.

Et nous allons aussi, nous autres, pèlerins indépendants, vers le berceau de la foi et vers le berceau de la race, vers la sainte colline de Sion et jusqu'au hardi promontoire de Vaudémont et à la tour de Brunehaut, fouler cette poussière de gloire que nous voudrions semer à tous les points du merveilleux horizon pour en faire germer des héros et des justes, des générations sans reproche et sans peur.

Ce sont des *cécattes* qui vont à Sion.

⁂

Une chose qui m'étonne, par exemple, et qui a bien le droit d'effrayer les penseurs et les conducteurs de peuples, c'est, à chaque station, l'afflux des ouvriers mineurs allant aux usines pour la longue journée, ou venant de tirer une dure et peineuse nuitée.

Ce sont pourtant des gars de chez nous, des fils de ces cultivateurs modestes ayant vécu depuis des siècles au même village, ayant œuvré les mêmes champs lorrains, en plaine, au grimpant du coteau ou sur les plateaux « si ventés ».

Mais voilà ! Il paraît que la terre est trop basse et trop dure, qu'elle ne rapporte plus assez pour entretenir le père, la mère et la gironnée... et comme il faut bien vivre, on s'en va à l'usine des alentours, à Xeuilley ou à Neuves-Maisons, à Pont-Saint-Vincent ou au Val-de-Fer, gagner 4, 5 et 6 francs.

Victor Hugo l'a dit : « Ceci a tué cela ! » L'industrie a tué notre agriculture, et nos campagnes se dépeuplent de plus en plus... les vignes restent en friche, et des étendues de terres sont là, sans cultures, sans semailles, sans chemins, sans engrais.

Et tous les jours ils s'en viennent de Benney, Pulligny, Frolois, Ceintrey et Houdreville... et tous les jours ils repartent vers leur maisonnée, ne connaissant plus guère le soleil et les travaux si pénibles, mais si vivifiants des campagnes lorraines.

Plus loin, entre Vézelise, Sion, Vaudémont et Mirecourt, la dépopulation est plus intense et plus désastreuse encore. Les gens meurent et ne sont point remplacés ; les maisons tombent en ruines, « quiboulent » l'une après l'autre, et on les laisse là, abandonnées, vides, pierriers étranges qui vont servir de refuges aux animaux sauvages.

A Saxon, il n'y a plus que 120 habitants ; à Vaudémont, dans l'enceinte ruinée du fameux château-fort, berceau de la race de René II, il y a 220 âmes à peine aujourd'hui, et plus de vingt maisons n'ont plus d'occupants et sont mortes comme eux.

C'est triste d'une tristesse sans nom que cette visite par un matin brumeux au pays des Vaudémont disparus, envolés vers le Danube, vers les palais de Schœnbrunn et de La Hofburg.

Le vieux François-Joseph d'Autriche (si cruel pour sa Lorraine aujourd'hui), en ses mélancoliques méditations, songe-t-il à ce nid d'aigle de ses ancêtres dont les ruines émeuvent si profondément les très rares voyageurs ?

Nous y allons, à ce promontoire fameux, qui fait face à l'observatoire de Sion, d'abord par la raide grimpée de la montagne sacrée, puis par le plateau où des théories de braves gens vont processionner sur le midi en redisant les louanges de la Madone de saint Gérard, de Charles IV, des Tiercelins et des Oblats disparus sans être oubliés.

L'église de Sion, sombre, humide, aux murailles décrépites, est bien la Grange lorraine, où les âmes de chez nous s'entassent, s'entassent à pleines gerbes, lourdes d'épis d'or, s'entassent tant qu'elles peuvent, et restent là, à regarder leur Madone, sa colombe et son Enfançon tout souriant.

Ils ne sont pas expansifs, les gens des environs de Sion qui sont là, sans rien dire, *avisant* la Vierge miraculeuse, pendant que les bannières endeuillées pendent depuis quarante ans, et que, depuis quarante ans, la devise des annexés clame l'espérance quand même : « *C'n'ame po lojo !* »

Mais comme on se sent bien chez soi, sous ces nefs trapues aux ogives surbaissées, chez soi, comme à Saint-Nicolas, comme à Mattaincourt... et j'imagine assez que la Madone d'ici doit être agréable et douce à ces bons Lorrains qui ont grimpé la côte pour la venir honorer en ces fêtes annuelles de septembre.

*
* *

De Sion pour aller à Vaudémont, pendant que les cloches se balancent en magnifiques sonneries, à la venue de chaque pèlerinage, nous descendons vers l'humble hamelet de Saxon, comme accroupi au fond d'un cirque de verdure : des prés, des chènevières, des vignes qui ont bien du mal à mûrir, des vergers admirables où les fruits d'or abondent, et, là-haut, la chevelure des bois verts, agitée par une bise déjà bien aigrelette... l'aigre bise du pays saintois.

Un sentier s'en va par les terres rouges que la charrue défonce avec peine; puis il descend au milieu d'une prairie où coule un gentil ruisselet parmi les saules argentés; puis il remonte, sinueux, à travers les champs et les vergers à fruits du ban de Vaudémont.

Le long de ce sentier, j'égrène le chapelet des souvenirs historiques, des fastes héroïques de Sion et de Vaudémont, depuis l'époque où les Romains dressèrent là des camps de défense, où les Gallo-Romains s'y construisirent des villas, où saint Gérard édifia le premier oratoire de la Vierge de Lorraine, où les comtes de Vaudémont, ces cadets d'avant-garde, bâtirent pour des siècles une forteresse inexpugnable.

Hardis chevaliers, ils s'en vont, ici, là, partout, au service de la France, au service de la Bourgogne, au service de Dieu dans les croisades lointaines.

Et puis les voilà sur le trône ducal de Lorraine. René II, Antoine, Charles III, Charles IV, Charles V, sont leurs plus brillants descendants, et le château-fort de Vaudémont tombe enfin sous les coups implacables de Richelieu et de Louis XIII.

Allez-y, sur cette montagne au passé merveilleux, qui domine toute la terre de Lorraine, absolument toute.

Le vent qui souffle en tempête par la brèche colossale de la tour de Brunehaut, c'est pour moi la grande voix des chefs appelant leurs vassaux, ou les sonneries bruyantes des rentrées triomphales.

Au pied du mont, autour, dans les creux, sur les crêtes, partout, on aperçoit des toits rouges, des maisons blanches, des clochers qui pointent à travers les verdures.

Il y a là cinquante, soixante, quatre-vingts, cent villages... la vue s'étend sur quatre départements, sur les Vosges, dressées haut sur le gris cendré de l'horizon, sur les collines de chez nous et sur les côtes fortifiées de Toul, bastions de la frontière; Bar et Barine, Brûley et Lucey, Domgermain et bien d'autres, qui regardent les Vosges, l'Alsace et les pays d'outre-Seille.

⁂

Ce jour-là, à pareille heure, il y avait un homme aussi qui regardait notre Lorraine : Guillaume II, non loin du sommet du Hohneck !

Et si quelque Voyant des montagnes a pu s'approcher du monarque, il a sans doute rappelé ces paroles de Jéhovah à Moïse : « Regarde cette terre... mais tu n'y entreras point. C'est la Lorraine, le pays des vaillants et des forts, la terre promise qui produit le froment, le vin, les fruits délicieux, le sol miraculeux qui laisse arracher de ses flancs le fer, le sel, demain la houille, et qui laisse aussi couler les eaux les plus bienfaisantes ! »

Et sur cette terre, sur toute la terre de chez nous, je

voyais depuis la tour de Brunehaut, la Vierge de Sion étendre ses bras miséricordieux et sourire aux mélopées naïves qui partaient vers elle des entours du plateau.

*
* *

Vaudémont reste l'un des points merveilleux de notre Lorraine qu'on ne se lasse jamais de visiter. Malgré, ou plutôt à cause de son éloignement de tout centre, ce village a gardé un cachet tout particulier de rudesse et de solitude.

Les gens y sont avenants et faciles aux causeries communicatives. Je rencontre une bonne vieille femme qui n'a jamais vu Nancy et se trouve bien dans son Vaudémont qu'elle ne quittera pas.

Elle a toujours vu l'incomparable paysage... il ne dit plus rien à ses yeux obscurcis; elle a toujours vécu dans les ruines et les pierres millénaires, mais elle les préfère aux plus beaux palais, aux riches maisons de Vézelise, la grande ville de son pays.

Pourtant, comme elles parlent encore éloquemment ces ruines gigantesques, aussi intéressantes que celles de Blâmont, Prény et Mousson, et qu'on a exploitées depuis trois cents ans pour bâtir les maisons de vingt ou trente villages.

Voici la Tour de Brunehaut, avec un pan de mur énorme, défiant les siècles avec ses trois mètres d'épaisseur; voici les vestiges imposants des tours du Guet, de la Tante-Anon, du Ratel, du Chaulcheux, du Fossé, du Gibet; voici (nous y passons avec peine) la poterne de la Trahison, et tout au bout, près d'une Vierge-Mère au curieux déhanchement, voici la porte Le-Maître, qui menait à Soulosse par une voie romaine encore très visible dans la contrée.

Et le mur d'enceinte est toujours là, dominant les abîmes, les précipices; et dans l'église ogivale, solitaire et dépouillée, il y a des pierres tombales qui ne disent plus rien aux passants, tant elles sont usées, tant les morts vont vite dans l'oubli, malgré leur gloire, malgré leurs actions d'éclat.

Seul, amenant du tréfonds jusqu'à la cîme de la montagne altière, l'eau pure et salutaire, le puits des Romains est toujours là, avec le mystère de ses profondeurs, avec ses dalles énormes, avec son vieux propriétaire à la barbe fleurie qui, tous les matins et tous les soirs, fait monter cette eau bienfaisante, pour fertiliser le sol du promontoire, sur les ossements blanchis de ceux qui reposent depuis des siècles dans la sainte paix de Dieu, au pays des Vaudémont de Lorraine.

— Ce sont des *cdcattes* qui vont à Sion !

⁂

De Vaudémont à Sion

La belle, la merveilleuse journée !

Jamais la nature lorraine ne m'est apparue si maternelle et si grandiose à la fois.

Ce fut une véritable féerie, quelque chose d'irréel et de divin, pendant que je rechargeais mes énergies religieuses et patriotiques sur le plateau historique de Sion-Vaudémont...

Donc, après des heures, par cette ligne tortueuse et lente de Nancy, Vézelise et Mirecourt, me voici à l'ultime gare de Meurthe-et-Moselle, un pied dans les Vosges, à Bouzanville-Boulaincourt, pays de pâturages, de riches moissons, aussi de vignobles accrochés aux flancs des coteaux et dont les pampres ont pris des couleurs de rose et d'incarnat.

C'est l'automne radieux du pays lorrain.

Avant de mourir, la nature s'est parée comme aux grands jours de fête. Il y a des ors de toutes les nuances parmi les boqueteaux et le long des routes, des ors verts et jaunes, or sur or, rebroché d'or et frisé d'or; il y a des verts d'émeraude, des pourpres étincelantes, des tons de feuille morte qui sont purement exquis.

Et là-dessus, sur la vaste plaine et sur les monts, le soleil brille et se joue à travers ces merveilles.

C'est bien plus loin que Sion, entre les deux monts Curel, coiffés si bizarrement d'arbres tout dorés.

Il y a là une manière de ruisseau que les gens appellent le « Beaulong », et qui, des fois, s'enfle et déborde sous la coulée des eaux de nos collines. Il y a de délicieux petits bois, pleins de lièvres et de renards roux; il y a des abîmes où les eaux s'engouffrent et disparaissent en tourbillons étranges; il y a plein les champs des vaches qui paissent, en vous regardant passer... les vaches du Saintois qui fournissent leur lait à la ville de Nancy.

Trois menus villages s'étagent au derrière de la côte de Sion-Vaudémont : Forcelles, Gugney et They, ce dernier qui fut une grosse seigneurie jadis et que des riches d'à présent essayent de reconstituer, parcelles par parcelles de bois, de vignes, de vergers et de champs fertiles.

Je vais à l'un de ces villages où m'attend, ce soir, la plus douce et la plus cordiale hospitalité : du pain, du lait, des fruits, une onde pure et le délicieux petit vin blanc qui mûrit, sous les rapailles de Marainville, face au Cul-de-Jô, signal et mirador de Sion.

Le soir venu, nous nous trouvons sous une humble nef moderne, accolée à une tour antique qui fut l'œuvre d'un chanoine de Toul en la période ogivale.

Et là, un petit troupeau de fidèles s'agenouille devant l'autel de la Vierge, pour des supplications et des vœux.

On prie pour les soldats du lieu, pour des pères, des époux et des frères, pour ceux qui combattent à nos frontières et pour ceux qui sont morts dans la sainte paix de Dieu.

C'est touchant au possible, cette prière du soir en la

petite église de Forcelles, avec une oraison de circonstance à Notre-Dame de Sion, Duchesse de Lorraine, Protectrice de Lorraine, Celle-là même que j'irai voir en son béni sanctuaire de la sainte Colline.

Après des conversations très douces et très intéressantes, je vais me coucher par un brouillard très épais, annonciateur d'une belle journée au pays lorrain. Tout dort en les campagnes voisines : soldats, laboureurs, champs de betteraves et de pommes de terre, souris dans les étoubles, lièvres en plaine, vaches aux étables chaudes.

Et, là-haut, sur son monticule millénaire, la Vierge de Lorraine plane, domine et bénit ses fidèles.

Bonne Mère, veillez, oh ! veillez bien sur vos enfants... car, au loin la foudre gronde jour et nuit, et des flammes terribles illuminent nos horizons en ruines.

⁂

La brume du matin enveloppe les choses. On ne voit pas à deux mètres devant soi. Et, comme disent nos gens : « On couperait le brouillard au couteau. »

Mais laissons-le tomber. Là-haut, le soleil, éternel magicien, accomplira son miracle à son heure.

Recueillons-nous en souvenirs d'histoire et de foi, avant de faire l'ascension de la colline doublement miraculeuse, inspiratrice de sainteté, d'héroïsme, de courage, d'art et de dévouement.

Et l'on monte, l'on monte toujours par un chemin grimpant, à travers les immenses vergers de Gugney et de They, à travers les sentiers pierreux, où parfois sourdent les eaux claires du mont, à travers les buissons, les rapailles, les vignes empourprées, les rochers qui affleurent ou qui surplombent, à travers tout.

Soudain, la brume s'est évanouie.

A l'appel d'un mystérieux chef d'orchestre, le rideau se lève, se lève lentement, par franges et par plis... c'est au loin une mer immense de brouillards, blancs, gris, laiteux, des nuées impalpables où des rayons d'or et d'argent, passent, précurseurs des apothéoses.

Et, du haut des ruines de Vaudémont, par la brèche de Richelieu et la Poterne de la trahison, au pied de la tour deux fois millénaire, dite de Brunehaut... j'assiste à la revue sublime de notre terre, au défilé des Marches de la Lorraine.

Tout le pays est là, à des lieues et des lieues, un arc de cercle gigantesque, allant de Saint-Mihiel à Blâmont, Cirey et les Vosges.

Pas un bruit... rien que le battement redoublé de nos cœurs de Lorrains fidèles et aimants devant ce Miracle et ces merveilles. On ne cause pas ou si peu... on contemple, on veut voir plus loin, plus loin encore; on rêve au passé, on songe au présent, on prévoit l'avenir. Ici, là, des vallées, des plateaux qui se succèdent, des coulées blanches qui sont nos ruisseaux et nos fleuves, des enfilées de collines étagées, coupées, aux formes bizarres, coiffées de forêts aux chevelures fauves... et puis, au loin, les côtes de Toul, les côtes de Meuse, les côtes de l'Argonne, les côtes de la Woëvre, les côtes du Grand-Couronné et de la Seille, les côtes de Mirecourt, de Langres... et le puissant rempart bleu de nos Vosges qui se perdent dans l'infini.

Et je me souviens, là, devant ce panorama unique de chez nous, de la fameuse scène de l'Evangile où Satan, transportant le Christ sur une montagne élevée de Judée, lui découvrit les pays et les royaumes.

« — Je te donnerai tout cela, lui dit-il, si, *cadens*, t'agenouillant devant moi, tu veux bien m'adorer ! »

Ce fut aussi le souffle orgueilleux et impur qui vint assaillir naguère les trois prêtres de Sion, qu'un roman trop vanté voulut mettre au pinacle des fastes de notre chère Lorraine.

⁂

Vaudémont, « petite ville, grand renom », n'est plus qu'une ruine... mais quelle ruine géante sur ce promontoire tout pétri d'histoire, de légendes, de grandeur séculaire ! Il n'y a plus rien... et pourtant toute la Lorraine chevaleresque est là... et je sens que les vieilles pierres s'animent sous le soleil automnal pour crier le passé merveilleux des preux, des chevaliers, des croisés, des terribles et fiers Vaudémont qui avaient là leur nid d'aigle imprenable. Le village actuel est fait des ruines des tours, des enceintes, des murailles formidables, des églises disparues.

Pas une maison qui n'ait à sa face lépreuse une relique du passé, un Christ brisé, une Madone antique, un bas-relief martelé, un écusson illisible, une inscription désormais indéchiffrable.

Une méchante église est là, banale, quelconque, avec un médiocre tableau moderne représentant le patron du lieu, saint Gengoult, en pseudo-chevalier des Croisades.

Mais dans cette église qui a remplacé l'antique Collégiale des Vaudémont, un chef-d'œuvre de la sculpture lorraine nous attire et nous émeut. C'est une *Pieta* du XVe siècle, vêtue comme Philippe de Gueldres et nos arrière-grand'mères, une Vierge des Douleurs qui soutient son Fils mort entre ses bras... le tout d'un réalisme effrayant.

De chaque côté, dans le même bloc de pierre, il y a deux minuscules angelots, qui adorent et qui semblent perdus dans leurs prières, avec leurs cheveux frisés et leurs costumes d'enfants de chœur.

A côté de l'église, voici le cimetière qui confine aux murs de l'enceinte, à la Tour Brunehaut, au Puits-qui-parle, creusé par les Romains dans la roche vive... le cimetière qui marque l'emplacement de la Collégiale Saint-Jean-Baptiste, où les morts d'aujourd'hui vont rejoindre, dans des dédales de pierre, les grands morts d'autrefois.

En Vaudémont, je vais voir un vieux brave de 89 ans, Cyrille Gème, un héros de nos campagnes de Crimée, d'Italie, du Mexique et de 1870, dont la poitrine est constellée de 23 décorations, Légion d'honneur en tête... et qui ne compte plus ses sauvetages et ses actes de dévouement.

Celui-là, c'est la tradition vivante de chez nous; c'est le vieux terrien qui s'en est revenu au pays ancestral et qui ne veut pas mourir avant d'avoir goûté la victoire et revu notre Lorraine française sous la bannière de Notre-Dame de Sion.

Au sortir de Vaudémont, je salue la belle image de la Madone de céans, qui doit rester là, immuable, et je lis avec bonheur la délicieuse inscription engravée dans le socle, au-dessus de l'huis villageois :

« Marie, Mère de Dieu, soyez la sauvegarde de ce lieu. *Ave Maria !* »

Et l'on s'en va, par la voie romaine de Scarpone à Soulosse, qui a vu passer tant de gens et tant d'armées, tant d'hommes de guerre et tant de vieux cultivateurs menant leur charrue à travers les pierriers d'alentour.

⁂

C'est alors, en voiture, la plus ravissante promenade que l'on puisse rêver, sous la direction d'un chasseur émérite, le long des crêtes de cette étrange montagne en arc de cercle, avec presqu'île au centre, qui va de Vaudémont à la terrasse boisée de Sion.

Montagne splendide en son isolement, avec ses érosions géologiques, ses failles, ses contours bizarres, ses précipices abrupts, ses rochers penchant sur les abîmes, ses prairies dans les creux, ses jardins suspendus, ses champs de pommes de terre qui s'agrippent aux rocailles, ses bois, ses chaumes, ses étendues désertes, le Saut-de-la-Pucelle, les sources vives sortant des flancs déchiquetés, ensemble unique en notre Lorraine... et trop peu connu, car si l'on va pèleriner à Sion, qui des touristes se hasarde jusqu'à Vaudémont, jusqu'aux Chambrettes qui surplombent, surtout jusqu'au Signal du Cul-de-Jô, Thabor de chez nous, où je voudrais voir un jour un grand Calvaire de granit ou bien l'image de bronze de Jeanne la Lorraine.

« Il y a des lieux où souffle l'Esprit », a dit un jour quelqu'un en parlant de Sion.

L'Esprit qui soufflait pour lui ce jour-là était un bien mauvais esprit de révolte, de luxure et d'orgueil. Cet Esprit ne reviendra jamais plus sur le plateau de Sion-Vaudémont. La Reine du Ciel, Duchesse de notre Lorraine, l'en a banni pour jamais.

Et voyez donc... vers le soir, qui vient vite en ces jours d'octobre, la statue de Notre-Dame est toute souriante, illuminée par des rayons d'or; elle est toute attirante et miséricordieuse.

Et nous nous laissons aller à ce charme tout divin qui émane de ces lieux consacrés, de cette terre mariale des ducs et des peuples, des évêques de Toul et de Nancy, des chevaliers et des humbles paysans, des enfants et des femmes fortes de nos villages.

Allons avec amour et confiance à cette montagne sacrée, à ce cher Sion de nos pères, à ce trône de la miséricorde et de la grâce, à cette petite Madone, si pensive et si douce qui tient dans sa main droite l'alérion de nos ducs, que bénit suavement son Enfant.

Petite Madone antique venue de Vaudémont, si frêle, si menue... et pourtant si puissante et si vraiment bonne... inspiratrice d'énergies et de force morale, éternelle consolatrice au milieu des misères et des deuils, parentés du cœur ou du sang.

Seul, dans l'ombre qui s'épaissit, piquée seulement de trois chandelettes que j'allume — et qui sont pour moi comme les âmes d'êtres chers qui combattent et qui luttent — il fait bon se faire tout petit, tout humble, tout enfant, aux pieds de cette Vierge lorraine.

L'église est vide... des bannières flottent, tout usées, des relents d'encens montent sous les voûtes noircies... et pourtant jamais cette nef de Sion ne m'a paru plus remplie. Toutes les âmes sont là, entassées, fixant la Madone du pays : celles de nos ducs héroïques, de nos saintes duchesses, de nos évêques, de nos chevaliers, de nos ancêtres dévots, de nos mères angoissées.

C'est une prière perpétuelle... une *laus perennis* de tous les temps... c'est la flamme du pays lorrain qui ne meurt pas, faite de foi robuste et d'un patriotisme éprouvé.

Au loin, le canon tonne sans relâche et des éclairs sillonnent l'étendue.

Il fait bon, là, tout seul, aux pieds de la sainte Madone, devant le marbre brisé de l'Alsace et de la Lorraine « C'n'ame po tojo », il fait bon écouter Dieu qui est présent, ouvrir son âme à l'Infini et redire les prières naïves de nos pères : « Je suis établie sur cette sainte montagne de Sion, et je me suis reposée avec délices dans un pays qui m'a toujours honorée ! »

J'aurais voulu passer là toute la nuit... dans cette Assemblée des Ames de chez nous.

Mais l'idéal n'a qu'un temps. L'heure est venue de partir et de redescendre.

Dehors... le soleil a éteint ses merveilleux projecteurs... il fait presque nuit. Je salue Jeanne d'Arc et Marguerite de Lorraine, la bienheureuse duchesse d'Alençon, sœur de René II, née à Vaudémont... et je vais réciter un *De profundis* sur les deux tombes muettes et désolées de ces deux prêtres terribles qui rejetèrent l'Esprit de tradition et d'obéissance de l'Eglise et de Sion, les deux frères Léopold et François Baillard.

Ils sont là, poussière et cendre, et leurs œuvres, qui auraient pu être si belles, ne leur ont pas survécu. Tant il est vrai que rien de grand et de durable, de vivifiant et de sublime ne se fonde que sur le sacrifice et la tradition. Tout est là et rien que là !

Sion la sainte renaît et s'anime... et j'espère bien y

revenir un jour pour la glorification nouvelle de la chère petite Reine de chez nous et la restauration de son antique statue, sottement brisée par des fous furieux à la Révolution, dans les bois de Chaouilley.

Des points brillent dans l'ombre, loin, très loin; le canon tonne, loin, très loin... devant le Calvaire du promontoire, c'est la guerre dans toute son horreur, de Blâmont à Nomeny, à Thiaucourt, au Bois-le-Prêtre, à Verdun, à Saint-Mihiel.

Notre-Dame de Sion, veillez ! Cette terre est vôtre... toute... c'est la Lorraine, la Marche de France la jolie devant l'erreur, la force brutale, l'infamie païenne et les atrocités des barbares.

Veillez sur nous, Notre-Dame de Sion !

Sion-Vaudémont, 14 Octobre 1915.

⁂

De Guise à Vaudémont

A Frolois, qui fut Acraignes, Guise ensuite, la vue est admirable sur le pays lorrain, entre-deux du Madon et de la Moselle.

L'hospitalité y est proverbiale en certaine « cabane » de céans, et c'est un charme sans pareil que d'errer en les bosquets, à travers les parterres fleuris, sur les terrasses d'où l'on domine les étendues.

Vieille sous ses arceaux gothiques, l'église de Frolois se dresse à l'entrée du village, sentinelle avancée regardant à des lieues et des lieues avec son fier clocher qui est un phare sur ces hauteurs.

Et de ce phare ébranlé par les vents, on voit les feux des forts de Girancourt et de Pont-Saint-Vincent, du Saint-Michel et de Lucey, aussi la tour miraculeuse de Sion et les ruines des remparts de Vaudémont.

Par douzaines, au milieu du plateau et des plaines, les villages s'en vont, à leur manière de bons villages lorrains, tassés autour de leur église, avec des rues grimpantes et sans nul alignement, avec d'immenses engrangements, où les bêtes et les denrées trouvent meilleure place que les gens, resserrés en un *cougnat* délabré.

En face, par delà les vertes prairies du sinueux Madon, c'est le plateau des labours, c'est le grenier d'abondance de la Lorraine qui se poursuit, découpé par des chemins blancs, jusqu'à Xeuilley, aux grises *cimenteries*, jusqu'à Thelod à la côte volcanique, Viterne et Marthemont, fertiles en vins, Houdelmont et Parey, Houdreville et Omelmont, d'autres encore, qui se suivent agrippés à des mamelons ou renfoncés dans les creux du Madon, du Brénon et de l'Uvry.

Par derrière, le clocher de Frolois regarde les vignobles fameux de Pulligny et de Ceintrey, les bois giboyeux qui penchent vers la Moselle, les plateaux du Vermois et ceux, plus proches, qui lui dérobent le val de Meurthe aux approches de Nancy.

L'église, basse, coquette en ses lignes architecturales, a été malheureusement abîmée par le zèle intempestif d'un curé trop moderne : les vieilles pierres tombales engravées ont disparu, cédant la place à de la très vulgaire céramique; les bons saints naïfs du Moyen-Age s'en sont allés sur les combles ou dans la hotte au brocanteur, remplacés par des terres cuites sans art et polychromées à outrance, et, ô honte ! les nervures des voûtes, les piliers et les meneaux d'ogives ont été badigeonnés en veux-tu, en voilà.

L'auvent monumental a été rapiécé et rétréci; c'est une entrée de tombe, alors qu'il fallait créer là une terrasse superbe, dominant la vallée et le pays d'alentour.

En Guise qui est Frolois et qui fut Acraignes, des fossés subsistent, béants, et des murs millénaires s'en vont tous les jours, pierres qui roulent à travers les vignes et les ronciers touffus.

C'est tout ce qui reste, hélas ! du château-fort des marquis de Frolois, comtes de Ludre et d'Affrique, issus d'un Ferri de Fariléis, de la tige des ducs de Bourgogne ou tout au moins de leur proche vasselage. Ce château se dressait fièrement à l'extrême pointe d'Acraignes, et quand il fut aux Guises, on le transforma en un vaste palais d'allure versaillaise ou lunévilloise, avec parcs et ombrages, pièces d'eau et cascade, statues et colonnades.

Il n'est plus rien resté de ces magnificences : les seigneurs d'Acraignes ont disparu, sans même laisser le souvenir de leurs cendres, muées je ne sais où en bonne terre lorraine; les Guise ont quitté le pays de leur origine, et les Ludre-Frolois sont ailleurs, oublieux du berceau de leur race, de ce sol historique aux souterrains étranges, aux tourelles démantelées, aux pans de murs qui croulent, repaire actuel des animaux sauvages et des oiseaux nocturnes.

C'est la grande paix mélancolique des ruines séculaires; c'est la mort d'un passé qui ne fut pas sans gloire.

***

De Frolois, qui domine tout le pays d'alentour, il fait bon s'en aller, en voiture ou à pied, jusqu'à ces villages devinés dans la brume d'automne, jusqu'à ces forêts qui tapissent les collines de Moselle, jusqu'à ces châteaux épars qui gardent tant de richesses artistiques et de souvenirs précieux. C'est, un jour, une douce en-allée par les vignes jusqu'au Bon Dieu de pitié, curiosité rarissime de notre France, et puis, jusqu'à Madon, le chemin creux par où les seigneurs d'antan venaient courtiser les belles paysannes plantureuses du joli Moulin-des-Amours.

De là, une grimpée assez raide jusqu'à ce gros bourg de Xeuilley, où les feuillées frissonnent, où les fumées s'élèvent, sœurs industrielles des fumées éternelles de Neuves-Maisons, l'enfer diabolique du confluent de la claire Moselle et du vert Madon.

Sur Xeuilley (nos gens disent Cheuillet) à la blanche église neuve, une route commence, plate, longue et d'enjambée facile. Tout en devisant de ces Guise et de ces ruines, nous allons sur le chemin blanc vers Houdelmont et vers cet énigmatique mamelon qu'on nous dit être Parey-Saint-Césaire.

C'est comme un monticule arrondi, émergé du plateau, entre la côte de Thelod qui s'enfume de fronges de pommes de terre, et ce bois d'Anon si pittoresque avec sa calotte de sombres forêts.

Trois cents terriens vivent là, sur ce montet habité depuis les Celtes roux, éloignés des centres, ne voyant jamais âme qui vive, et pourtant satisfaits de leur sort, en leurs maisons qui s'en vont à l'aventure, en avant, en arrière, à leur façon de maisons lorraines aux lourdes portes cintrées : arcs de triomphe des moissons, des récoltes.

Le moûtier, central, est une nef ogivale avec une abside carrée, en pierres de taille bien appareillées, avec un haut clocher roman dont les étages en retrait rappellent une forteresse d'avant-garde. Autour, les tombelles bien simples de *l'âtre* communal; des grillages de fils de fer empêchent, sur un vulgaire châssis, les poules de venir picorer sur les morts... mais d'étranges odeurs sortent de ce cimetière de Parey, et, par centaines, nous foulons aux pieds des humérus et des tibias, des côtes et des phalanges, qui furent l'osseuse charpente de générations disparues.

J'avais envie de prendre une charpagne voisine et d'y entasser ces restes d'humanités *pareysiennes*. La chose serait facile au maire ou bien au curé de céans, et ce serait un suprême hommage aux ancêtres, aux vieux pères-grands et mères-grands qu'on a sortis de leur tombe pour y faire place à d'autres.

Et je me souviens de cette récente profanation de l'ancien cimetière de Frolois, où, par brassées, les os des ancêtres furent brouettés aux vignes; là, des chiffonniers de Nancy s'en vinrent, avec leurs sacs de toile grise, et en avant, les pauvres vieux de Guise et d'Acraignes, oubliez ces vignes fleurant bon, que vos sueurs fécondèrent... les fabriques de noir animal ou de gélatine sont faites pour vous, les terriens du Madon ! ! ! Honte, profanation, tristesse infinie !

***

A Parey-Saint-Césaire, durant que les hommes arrachent les pommes de terre et que les gamins mènent aux champs les bonnes vaches tachetées de roux, les femmes sont *à couve* sur le pas de leurs portes, en *couaraïls* très loquaces, ramandant les hardes de l'hiver ou brodant des festons et des plumetis.

L'église, belle, digne d'être mise au nombre des monuments historiques, possède de véritables objets d'art, inconnus de tous. C'est un retable d'autel, en pierre finement ciselée, un retable ogival qui laisse apparaître le Christ et ses douze apôtres, tel celui d'Aingeray ou de Saint-Nicolas de Port, un retable qu'on a heureusement fixé à la muraille de l'abside et que les marchands du temple ne pourront bazarder aux enchères. Proche cette merveille, voici deux statues fort curieuses qui firent partie d'un calvaire, un saint Jean naïf et une Vierge en pleurs qu'on a qualifiée de sainte Anne.

Trois baies ogivales donnaient lumière et jour à cette abside carrée; deux ont été fermées; la troisième s'est enrichie d'une *Adoration des Mages* qui peut compter comme l'une des meilleures créations de Victor Hôner.

Au-dessus de la porte d'entrée, comme à Vézelise, comme à Frolois, une Mère de douleurs est assise, tenant raide le corps de son fils. C'est le type de nos mères lorraines... L'artiste du XVe ou du XVIe siècle a vu le deuil de nos paysannes à la mort d'un enfant, et cette face angoissée, cette douleur muette et figée, il l'a reproduite sans cesse dans ces statues qui sont des témoins d'une tradition et des *memento* d'un culte vivace.

***

De ce Parey-Saint-Césaire, qui fut *Paretum*, et dont les gens étaient sujets de la bannière des comtes de Vaudémont, nous allons vers Houdelmont, où des ruines se dressent d'un ancien château-fort, où, miséricord, un Christ du XVe siècle nous regarde de ses yeux usés, où le souvenir de l'empereur Othon nous poursuit, le monarque qui donna en 965 le patronage de cette humble cure à l'abbaye Saint-Vanne de Verdun.

Et, jovial, je demande à une bonne femme du lieu qui *pille* des noix fraîches, si jamais elle entendit parler de l'empereur Othon, patron de Houdelmont.

Courroucée, sans comprendre, ou faisant semblant, elle me répond en continuant *d'écoffer* ses noix verdâtres : « Je *n'ôtons* rien du tout que la pélure ! »

Devant les deux travées gothiques de la très pauvre église, renforcées par des arcatures en plein cintre, on a enterré un abbé Georges, qui fut natif de céans et vicaire général de Nancy, et dont la dalle de marbre blanc détonne au milieu de ces tombelles au renflement de terre grasse.

Après Houdelmont, Houdreville et Omelmont, voici la coulée du Brénon, vallée profonde au charme poétique, avec des boqueteaux épars, des rochers aux bizarres stratifications et des vignes opulentes accrochées au flanc des coteaux.

Un coin vraiment délicieux que ces abords de Vézelise, en aval, avec, tout au fond, la flèche de l'église ogivale, et plus haut, la tour gracile de Notre-Dame de Sion !

Bergère de quinze ans, au jupon rouge et au bleu corsage, il y a là une fille aux yeux noirs qui garde ses vaches, pleines à éclater, et qui se fait une parure de colchiques, ces veilleuses aux tons mauves si délicats que l'automne a semées dans la verdure de nos prairies.

Vézelise en Vaudémont ! patrie des Pouget et des Félix, gloires militaires; des Bourcier et des Salle, des Virion et des Pistor Le Bègue, gloires politiques, ville élégante et policée, cité emplie de souvenirs de tout genre, où il ferait bon vivre au milieu des antiquailles, des vieilleries adorables, des rues et des maisons pittoresques, des monuments si curieux d'autrefois : église superbe, palais de justice du spirituel écrivain Ernest Gegout où flamboie la fameuse inscription : *Lex imperio major*, halles, hôtel de ville, maison des Bassompierre, couvent clos des Cisterciennes, etc. Des ponts passent sur le Brénon qui coule à peine et sur l'Uvry qui est à sec, et j'entends, par les venelles de l'ancienne capitale, des mères vézelisiennes qui gourmandent leurs petits enfançons et les pressent d'aller du ventre : « Allons, petit, faisez Brénon ! »

Faire Brénon ! l'expression est connue au « pot de chambre de la Lorraine », et certes on sait là-bas à quoi s'en tenir.

Malgré son titre irrévérencieux, Vézelise a gardé ses allures de capitale du comté de Vaudémont.

Les traditions s'y conservent fidèlement, les gens y semblent tout autres qu'ailleurs, les monuments sont pleins de souvenirs du passé. Les patrons du lieu, saint Dôme et saint Gomien, deux médecins qui sont peut-être saint Côme et saint Damien, ont leurs statues à des coins de rues; les collections de faïences de Mme Poirson sont célèbres dans la région, mais jalousement mises en sûreté, et l'on passerait des heures chez l'agent voyer, l'aimable M. Parisot, qui possède des panoplies et des costumes militaires à faire pâlir d'envie nos conservateurs de musées lorrains.

Derrière le curieux cimetière à mi-côte qui garde la cendre des Pouget et des Rolin, des Gegout et des Michel, des Perrin et des Virion, et de tant d'autres familles de la magistrature et de l'armée, un monastère se cache dans les grands arbres.

C'est l'ancien couvent des Capucins, qui fut après aux Frères de Dom Freschard (dispersés de leur maison-mère du Montet, à Nancy), après aux Dames cisterciennes, retournées en Bavière.

L'enclos est vide, l'immense enclos avec ses jardins à perte de vue, ses bâtiments où l'on se perd, son église ogivale où traînent des choses... relents d'âmes et d'encens, de cœurs brisés et d'oraisons jaculatoires. Et, à cette rapide tombée du jour, en cet octobre prenant, il nous vient comme une inquiétude d'errer, solitaires et à l'aventure, en cette maison des nonnes, où la mort a passé, la mort des âmes, plus terrible que la mort des corps.

Comme aux ruines des châteaux-forts, j'éprouve ici une sensation douloureuse... ces lieux qui eurent vie redisent le néant de la vie et la cruauté des humains. Un homme de fer, Richelieu, brute pourprée, a saccagé notre Lorraine, décapité nos ancêtres, rasé nos forteresses de Prény et d'Amance, de Condé et de Vaudémont, de Frolois et de Pompey, de Blâmont et de Mousson.

D'autres hommes sont venus... et les monastères ont dû s'ouvrir, les grilles de clôture ont été brisées; moines des Trappes et des Chartreuses qui cherchaient la paix du cœur dans la solitude, nonnes mystiques qui s'étaient enfuies du monde, toutes et tous ont disparu et sont rentrés dans la fournaise ou partis pour l'exil.

Les bâtiments sont restés là, tristes, abandonnés, en ruines.

Aux portes closes, encore les invocations pieuses, les appels à la force suprême, les cris de la faiblesse humaine; en les cours et les jardins, des herbes folles, végétations inouïes depuis cinq ans; dans l'église, des vases brisés, des fleurs fanées, des cierges renversés, des autels profanés.

C'est la désolation dans le sanctuaire des moniales, c'est la mort légale des choses qui furent si douces aux humbles, si secourables aux faibles, si radieuses aux âmes éthérées. Nonnes qui reposez sous cette froide pierre, dormez en paix... votre temps a passé meilleur que le nôtre, dormez, dormez !

De Vézelise à Sion et à Vaudémont, c'est la remontée lente, infiniment triste, vers un passé très vieux de gloire militaire et de foi naïve, que des écrivains qui n'ont rien de chez nous prétendent découvrir tous les jours. Là-haut, l'œil plonge sur la Lorraine entière; là-haut, dans la tour de Sion, les cloches redisent les doléances de la pauvre Madone oubliée; là-haut, dans l'énorme tour de Brunehaut à Vaudémont, le vent passe à travers la brèche de Richelieu... et la lyre des vieux bardes lorrains soupire faiblement les fastes d'antan, les prouesses de cette race, chevaleresque entre toutes, qui fut Vaudémont, qui fut Lorraine et qui est Autriche aujourd'hui.

A côté des ducs de Lorraine, on l'a dit souvent, tous les autres princes paraissaient peuple !

A côté de Sion et Vaudémont, où l'âme s'imprègne fortement de patriotisme et de foi, les autres terroirs de chez nous semblent petits et très humbles.

Nous sommes ici au berceau de la race, au cœur du pays, à la source sacrée des traditions lorraines.

Et adhuc Spes durat avorum ! Et c'est ici que toujours dure l'éternel espoir et que les ancêtres ouvrent leurs cœurs tout grands à nos âmes émues et joyeuses en leur gratitude infinie.

De Prény à Mousson, de Condé à Amance, de Guise à Vaudémont, quelle chevauchée triomphale par la Lorraine et quels magnifiques souvenirs !

Au-dessus de la Belle-Vallée

Du soleil sur les prés verts, sur les bandes violettes des terres de Chavigny et de Pont-Saint-Vincent; du soleil encore sur les forêts bordées d'une dentelle de noirs sapins, et du soleil, loin, très loin, sur la vallée du Madon, la côte de Thélod et les éperons du pays lorrain vers Sion et Vaudémont.

C'est une vue prestigieuse entre toutes... *speciosa facta est in deliciis suis...* et, comme disent nos gens : « Il faudrait aller bien loin pour en trouver une pareille ! »

Car de tous les sites des environs de Nancy, c'est assurément le plus pittoresque et le plus reposant.

D'une maison neuve et fleurie qui a pris pour enseigne : *A la Belle-Vallée*, on domine tout ce paysage mosellan que l'on peut détailler par le menu.

C'est, au premier plan, les terres verdoyantes qui dévalent, dévalent brusquement vers Chavigny aux maisons rouges, au gros clocher carré coiffé d'un éteignoir d'ardoises; c'est, à dextre et à senestre les bois, bois de la Grande-Fraise et du Châtel, bois de la Champelle aussi, vêtus des verts les plus tendres des couleurs les plus chatoyantes, avec les raidillons des chemins de défruitement, avec les sombres alignements des sapins et les crevasses énormes produites par les affouillements ferrugineux des en-dessous.

A travers les sentes de terre rouge, on voit des mineurs allant et venant sous les arbres déjà défleuris; on voit leurs *râces* qui s'amusent en des replis de terrain, près des eaux vives du Mazeau sourdant du sol entre des saulaies, le long des prairies de la vallée circulaire.

Plus loin et plus bas, par fond de val, c'est la bourgade minière de Chavigny le Val, qu'il ne faut pas confondre avec les deux Chaligny, cet ancien comté princier de Lorraine, célébré par le savant archéologue-académicien Paul Fournier.

Chavigny fut jadis Cauviniacus et Cabanum, en plein terroir de fer où le Mazeau faisait mouvoir un fourneau primitif, il y a près d'un siècle, fourneau consommant 20.000 stères de bois, amenés de Dieuze et de Fénétrange et absorbant plus de quatre millions de kilogs du précieux minerai, produisant un million de kilogs de fonte blanche pour les forges de la Loire et de Hombourg.

Qui se souvient aujourd'hui, dans l'industrielle bourgade quasiment fondue dans la grosse agglomération de Neuves-Maisons et Pont-Saint-Vincent, qui se souvient des gens du Cabanum d'autrefois, obligés de fournir chaque année douze poules au domaine ducal ? Qui se souvient de l'antique prieuré de Sainte-Lucie et du fief disparu de la Tour Saint-Blaise ?

Le village est bien paisible à cette heure du jour; les mineurs sont à leur dur labeur, et les anciens du pays sont aux vignes ou dans leur pâquis.

***

Plus loin, des fumées industrielles voilent une partie de l'horizon, tantôt vers l'Est, tantôt vers l'Ouest... ce sont les forges et les hauts-fourneaux de Neuves-Maisons, avec leurs fumées impalpables, rêves et désirs irréalisables, qu'a récemment chantées René d'Avril en ses vers de prose rythmée aux sensations étranges.

Et puis, barrant le ciel, la côte abrupte de Pont-Saint-Vincent, ayant à sa base un cercle d'argent, la claire Moselle, avec la masse tassée des habitations de la ville double de Neuves-Maisons et Pont-Saint-Vincent.

Au-dessus des deux bourgades-sœurs — sœurs rivales —

les terres vertes montent à l'assaut du fort Pélissier, les terres qui sont des vignes et des vergers, en dessous des carrières éventrées de pierres jaunes.

Voici, sur la route tournante, par les sentiers grimpants, la grotte du père Gremel où les réfractaires se terraient à la venue des Cosaques; voici une chapelle abandonnée et vide, où des saints de bois polychromé, qui n'ont plus d'âge, achèvent de tomber en poussière, où des ossements de saints inconnus s'effritent en des châsses vermoulues, où des relents d'autrefois sortent des choses mortes, entassées depuis des siècles dans ces suintantes humidités.

Le fort est là, géant tutélaire, sentinelle avancée du pays lorrain, avec ses carrières au flanc ouvert, avec ses landes mélancoliques et ses chaumes pelés du sommet, avec sa mince ligne d'arbres courbés par les vents, et avec, tout au faîte, à l'extrême pointe surmontant l'affreux précipice, la très vieille chapelle de Sainte-Barbe, aux précieuses statues et sculptures du Moyen-Age (1).

Et le soleil illumine les monts, illumine la plaine madonnaise.

Loin, bien loin, toujours du soleil qui poudroie... poussières lumineuses, formant des rais d'or; loin, bien loin. toujours des blés en herbe et des bois qui verdoient.

C'est le mont d'Anon ou Amon, à la sombre calotte forestière; c'est la côte volcanique de Thélod; c'est la croupe vineuse qui porte Frolois, jadis Acraignes et Guise, avec son grand clocher pointu; ce sont les raidillons de Pulligny et de Ceintrey avec leurs côtes à vin... et puis, là-bas, au bout du monde, au delà d'une profonde échancrure, le massif imposant de Sion-Vaudémont : Sion à la tour grêle et menue de sa Madone désargentée, Vaudémont aux murailles millénaires arasées, à la tour carrée de Brunehaut, aux puissants contreforts et bastions, Vaudémont aux fières légendes, aux héroïques récits d'antan !

---

(1) Cette vieille chapelle a été démolie au début de la guerre, en août 1914.

*
* *

Au-dessus de tout ce panorama merveilleux, c'est maintenant le ciel, le ciel bleu de notre Lorraine en sa parure d'été, avec, parfois, des franges d'ouate blanche, des houppettes poudrerizées qui chevauchent dans le bleu et qui vont aux boudoirs des reines de l'infini.

Le soleil tourne derrière les monts et va se perdre emmy les bois des entours.

Et voici bien une autre féerie... le val tout entier s'allume... lueurs électriques, projecteurs géants, étincelles puissantes, feux éternels des usines, coulées miraculeuses du fer en fusion, avec, cette fois, des fumées lumineuses au lieu des pâles fumerolles grises ou blanches du plein jour... des fumées roses et jaunes, et sanglantes et toutes dorées, des ors rouges et verts, des ors blancs où l'on a mélangé des topazes et des chrysolithes, des rubis, des émeraudes et des diamants par milliers.

Et ces « impalpabies féeries », rayons fugitifs de l'ostensoir du fer en feu, vont se perdre lentement dans le noir et le violet des cieux.

Rien n'est beau, le soir venu, comme cette vallée de Chavigny à Neuves-Maisons, pendant que le Mazeau susurre lentement entre les marguerites blanches et que halètent les grands souffles des forges.

Et l'on comprend, cette fois, la beauté de l'industrie, et l'on jouit pleinement de la grandeur sereine de ce paysage lorrain qui n'a guère son pareil (même avec Liverdun), paysage admiré et contemplé du haut de la Belle-Vallée, en dessous de la Maison forestière, qui voyait s'arrêter naguère, trente fois par jour, les tramways suburbains, propices aux excursions à travers bois, en les beaux dimanches de printemps et d'été !

Au-dessus de Nancy

Il y avait une fois — c'était par un bel après-midi de printemps de l'année 1656 — il y avait une fois des petites filles qui s'en étaient allées, seulettes, par les coteaux et par les bois, jusqu'à la rude montée du plateau de Malzéville, alors tout couvert d'épais taillis aux senteurs embaumées.

Or, parmi ces bonnes petites pucelles de Nancy, il se trouvait une certaine princesse, Jeanne de Vaudémont; — et, toutes heureuses de ce jour de liberté grande, elles s'en allaient, les jouvencelles, chantant clair sous la feuillée des bois lorrains :

Promenons-nous dans les bois
Pendant que le loup n'y est pas !

Elles s'y promenèrent longtemps, elles y chantèrent hautement, et, finalement, la Jeanne, la Génie, l'Anne-Marie, la Philomène et la Célestine arrivèrent à certaine ravine très sombre, creusée à un tournant du plateau, et qui dévalait, dévalait toujours entre le Bois-Vert d'une part et le grand Bois-de-l'Hôpital.

Promenons-nous dans les bois
Pendant que le loup n'y est pas !

Il y était pourtant... et c'est à grand'peine que les pauvres fillettes, les compagnes apeurées de Jeanne de Vaudémont, purent s'ensauver vitement et se mettre à l'abri du gros loup ravisseur.

Un chasseur, qui passait en ces lieux écarts, égorgea l'horrible bête, qui se voulait repaître de la chair virginale des filles de Nancy... et, pour mémoire de son salut,

Jeanne de Vaudémont fit ériger un dévot oratoire qu'on surnomma la Gueule-le-Loup.

L'ermitage y est encore, aussi la chapelle surmontée d'un clocheton tout mignonnet, aussi la gueule béante du loup féroce, comme aussi l'inscription sur marbre noir redisant la légende d'antan.

Et, dans le fond du ravin, à travers les taillis touffus, sous les frondaisons mystérieuses, c'est toujours l'apeurement des choses et des gens, c'est toujours la crainte du loup qui fait céans défaillir les gentes pucelles d'aujourd'hui.

∴

Je fus hier à cette Gueule-le-Loup, jadis fermée aux promeneurs, entr'ouverte seulement à qui montre patte blanche.

Et c'est bien, avec la traversée du plateau, l'une des plus délicieuses sensations que l'on puisse éprouver à nos immédiats environs de Nancy, de Nancy aperçue tout entière, jusqu'en ses plus secrets recoins, jusqu'aux extrêmes pointes de Saint-Mansuy, du Champ-le-Bœuf et du Sacré-Cœur en Médreville.

D'un petit bosquet de bouleaux et de sapins, au sortir de la pinède odorante du ban de Dommartemont, on domine soudain l'étendue.

On est là, sur l'herbe toute rase, avec du thym et des menthes sauvages en guise de tapis mollet, et de ces 350 mètres d'altitude, c'est un miraculeux thabor du cher pays lorrain, qui porte loin les yeux et les cœurs.

Sous les bouleaux qui frissonnent, on s'assied, face au val de Meurthe tout parsemé de maisons, face aux prairies qu'on dépouille de leurs moissons, face à Nancy dont les quatorze églises émergent au-dessus des toits rouges, au-dessus des casernes et des monuments publics, au-dessus des frondaisons éparses.

Toute la ville est là, mollement étendue dans sa vallée

gracieuse, avec les coteaux boisés qui l'entourent, s'écartant et se resserrant tour à tour, avec les coupures transversales de Boudonville et de Maréville, avec le cirque immense d'entre Laxou et Vandœuvre, où vient s'épanouir le Nancy du vingtième siècle.

Et l'on n'en finit pas de voir et de regarder longuement... cherchant à reconnaître les clochers, les rues, les places, les maisons.

Et c'est vraiment le panorama d'ensemble, la vue unique sur la grand'ville, de Maxéville au fin fond de Jarville, de Laxou à Vandœuvre, des collines du Montet aux lointains de la Grande-Fraise et de Léomont.

Au fond du val, toujours les mêmes, toutes noires aujourd'hui sous le ciel de plomb, ce sont les tours casquées de Saint-Nicolas, gendarmes séculaires qui veillent sur Nancy et sur la Lorraine, en avant des fumées blanches de Varangéville, de Dombasle et de Rosières... fumées des salines et des soudières, répondant aux fumées noires de Champigneulles, de Frouard et de Pompey.

∴

Et je pense, moi, à d'autres fumées qui jadis se sont élevées sur ces hauteurs d'entre Malzéville et Dommartemont, je pense à ces pauvres gens du seizième siècle qu'on a brûlés ici tout vifs comme sorciers, une Marie Gallot, une Marguerite de Lay, une Catherine Grosjean, une Nicole, un Claude Thiriet et certain Vautrin Thiébaut, de Malzéville, qui n'en menèrent pas large quand on les enduisit de soufre pour diablement les enfumer au nom de Dieu.

Je pense aussi que ces hauteurs boisées — si exquisement boisées de Dommartemont — ont vu jadis des fumées semblables à celles des humbles popotes de nos troupiers nancéiens.

Les Romains, qui s'y connaissaient dans l'art de la stratégie, avaient dédié cette montagne à Mars, dieu de la guerre, et y avaient installé un véritable camp retranché, encore assez visible aujourd'hui.

Et de très loin, les serfs du Vermois ou des pays de la Seille et de l'Amezule ont pu voir fumer, les soirs, les hauteurs des plateaux de Malzéville, de Dommartemont et de Sainte-Geneviève, comme, à des jours, on voit nos soldats cantonner à 382 mètres d'altitude, au milieu des chaumes pelées, entre les bois de Flamémont, de l'Hôpital et de Malzéville.

Loin dans les âges, bien longtemps avant les Romains, la montagne avait fumé aussi, aux heures premières de l'humanité. Derrière le mur préhistorique du haut du mont, les hommes primitifs avaient allumé le feu sacré, le feu du foyer, la flamme de la vie et de la mort.

Puis un jour, près de la source qui coulait, claire, au milieu des groseillers et des framboisiers sauvages, sous les noyers et sous les hêtres de là-haut, un jour, des bergères s'avancèrent, menant paître leurs bêtes, chevreaux et moutons bêlants.

Le mont, la fontaine, les huttes et les censes du terroir, on les appela dès lors du nom de la bergère de Nanterre, la Genovefa des Parisiens.

Mais les bergères du pays lorrain ne semblent pas redouter les rudes enfants de Mars le guerrier, car, des fois, sur ces hauteurs nancéiennes, on les voit s'en aller gentiment sous la ramée, la douce pastourelle et le fier remplaçant des légions romaines au sommet du plateau.

Promenons-nous dans les bois
Pendant que le loup n'y est pas !

Plus haut, toujours plus haut, il faut monter plus haut, par les sentiers ombreux tout feutrés de mousse, par les bosquets de sapins qui ont poussé à travers les ouvertures des antiques carrières d'où Nancy tirait les enrochements de ses vieilles rues.

Le sol est adorablement vallonné, mamelonné, avec des recoins exquis où parfois se coulent les amoureux, qu'effrayent à tort d'inoffensives couleuvres et des orvets aux yeux si doux. Il y a là des fraises et des mûres à foison — les gamins de chez nous les appellent des *meules* et s'en machurent le visage qu'ils ramènent tout *barbouzé* à leurs mères.

Au-dessus du bois des Lilas, c'est le plateau, c'est l'étendue, c'est le gazon tondu ras où des gens cherchant des champignons et des misserons, souventes fois trouvent des cartouches et des balles.

On monte, on monte toujours par une pente insensible, caressé par une brise parfumée; on monte entre les bois, les carrières, le domaine de la ferme devenue caserne; on monte si haut qu'on peut monter, jusqu'à un signal dressé là, à près de 400 mètres sur le ciel de notre Lorraine.

Et alors, alors, c'est la merveille... c'est la vue prodigieuse sur tout le pays, à des lieues et des lieues.

Voici le triple vallon de Moselle, d'Amezule et de Meurthe; voici les métallurgies aux coulées d'or de Frouard et de Pompey, et voici, illuminées par des rais de soleil couchant, les masses blanchâtres de nos soudières; voici les maisons, les villas de Nancy qui s'agrippent à toutes les pentes et voici, regardez donc : les points culminants du pays, Amance et ses deux monts, nous dérobant Metz et sa cathédrale, le mont Saint-Michel de Toul et les côtes qui portent les forteresses de la défense, l'éperon gigantesque de Pont-Saint-Vincent, le Léomont et son temple de Diane disparu, et tout là-bas, loin, très loin, comme une dentelle effrangée sur le gris-perle des cieux, toute la ligne des Vosges, de la double croupe du Donon aux massifs de Saint-Dié et de Gérardmer.

C'est féerique et je ne connais guère de points de vue plus merveilleux. Après les splendeurs de la Schlucht et du Hohneck, après les beautés de Notre-Dame-de-la-Garde, à Marseille, après la vision éblouissante de Paris, des hauteurs de Sèvres et de Saint-Cloud, après les contemplations sublimes de la Tour Magne, à Nîmes, il faut venir au Signal du plateau de Malzéville pour jouir pleinement de la terre de Lorraine, tout autant, sinon plus, qu'à Sion, à Prény et à Mousson.

Qu'il fait bon être là, dans une communion intime avec la nature, avec les choses, avec la patrie, avec la vie !

La vie qui se manifeste partout, la vie des morts qui nous ont précédés ici depuis des siècles et des siècles, la vie des arbres et des plantes qui nous parlent et nous consolent, la vie des gens de cœur et d'action, la vie militaire et sociale, la vie du canon et des cloches, des salines et des hauts-fourneaux, la vie des forts et des montagnes, et la grande vie de Dieu qui rayonne si admirablement sur ce nouveau Thabor !

⁂

Le soleil a disparu... il faut redescendre, mais la vie ne cesse pas sur les pentes du mont chauve. Les vignerons enlèvent les *cornes* de leurs ceps, émondent les mauvaises herbes; les femmes coupent les luzernes tendres, les hommes achèvent la moisson.

Il y a des gamins qui ramassent des mirabelles rudement *hôlées* et des fillettes qui *pillent* des fèves pour le souper de tantôt; un marcaire ramène des hautes pâtures des vaches à la cloche argentine, et j'aperçois, dans l'ancienne ferme-école où Loritz établit le premier enseignement agricole, de rudes gâs enfourchant des bottelées de paille et d'avoine.

Oui, allez, Henri Loritz avait raison, et sa maxime favorite est toujours vraie : « Le travail élève l'homme et conduit à Dieu ! »

C'est sans doute ce que disaient les *Angelus* du soir qui montaient vers nous de toutes parts, de la ville et des villages d'alentour, et c'est sans doute aussi ce que nous voulait répéter le soleil, nous regardant fixement, à sa dernière coulée, par-dessus le fort de Frouard et les bois de l'Avant-Garde.

Le col de Sainte-Geneviève

I

L'église d'Essey et ses entours sont la plus délicieuse oasis de reposée bienfaisante qui soit en terre de Lorraine.

Et quels entours ! Des vignes qui s'agrippent aux coteaux mamelonnants, des jardins clos emplis de poires juteuses, des noyers chargés à glane, un parc mystérieux aux sombres frondaisons, des manières de pseudo-créneaux voisinant avec un presbytère où l'hospitalité est proverbiale, où des curiosités aguichent l'œil et retiennent le visiteur.

L'église, vieille, trapue, aux ogives baignées de soleil, garde, immuable, les relents des siècles morts... autour, c'est l'*attrée*, le cimetière en pente où ils sont venus tous, les terriens du gros village d'Essey, vignerons et *rabourous*, descendus lentement en terre lorraine, face à l'un des plus beaux panoramas de chez nous.

Et quand il a plu fort en ces jours de naissant automne, quand les fonds d'horizon sont bien lavés, le curé d'Essey peut voir, avec sa longue-vue toujours braquée sur les choses et sur les gens, le pays lorrain à des lieues et des lieuès, jusqu'à ces monts ballonnés, aux vastes chaumes pelées, qui sont nos Vosges, l'éternelle ligne bleue d'entre Moselle et Rhin.

* * *

Et pourtant, *Excelsior !* plus haut, toujours plus haut !

Entre le Bois-Vert et la butte Sainte-Geneviève, au-dessus des *saisons* des lisettes et des avoines, au-dessus même des vignobles bien malmenés par la grêle et les maladies, un hamelet se cache, laissant aller ses eaux chantantes, entre les sentes aux glaises trop molles, entre des maisons blanches groupées autour d'un humble moutier trop neuf.

C'est la montagne de Mars, c'est l'ermitage de Saint-Martin-au-Mont, c'est le délicieux village de Dommartemont, tapi dans des verdures qui dévalent du *plateau*, entre l'enclos légendaire de la Gueule-le-Loup et l'ancienne ferme-école des Turck, au goulet de Sainte-Geneviève.

Fin septembre — puisqu'aussi bien Nancy s'anglicanise à outrance avec tous ses magasins fermés et cadenassés, quelle tristesse ! — il fait bon s'en aller à l'aventure par ces chemins creux d'Essey et de ce Dommartemont, entre les parcs déserts, les villas accrochées à revers mont, les fermes et les métairies où des vaches, paisiblement, attendent la traite du soir.

Il y a là, au Point-du-Jour, un méchant gamin de *marquart* qui s'en prend bien à *leurs* bêtes, et qui crie, et qui se démène, et qui voudrait les ramener dans le bon pré qu'elles ont quitté — les belles vaches aux yeux doux — pour les plantureuses luzernières.

Et les chemins s'en vont, dévalants ou grimpants, bordés de mirabelliers, de quoitchiers, de poiriers, de pommiers, voire de noyers que des gens gaulent en passant, d'un coup sec de bâton noueux ou d'un caillou adroitement lancé. Mon Dieu ! si passait par là le garde des champêtres enclos !

Mais le garde est bien loin en cette après-midi dominicale... et c'est si bon, c'est surtout si amusant de gauler des noix aux grands noyers du chemin blanc... des noix qui sont bien sûr à des gens d'Essey ou de Dommartemont, et qu'elles *écoffent* gentiment, les Nancéiennes aux doigts verdâtres !

Du vent qui passe, déjà frisquet et chargé de pluie, nous apporte là-haut les ritournelles des carrousels d'Essey — où c'est fête patronale, où l'on a mis les petits pots dans les grands, où les tartes aux quoiches disparaissent comme par enchantement dans les gosiers en pente de nos braves paysans lorrains.

Et soudain, à une dernière montée, entre des halliers qui coiffent le mont chauve d'une suprême couronne de verdures rouillées, c'est le col Sainte-Geneviève qui apparaît, la brèche mystérieuse qui laisse voir deux versants et deux terroirs de Lorraine, le val de Meurthe, large, puissant, industrieux, aux maisons de ville et de banlieue entassées par milliers, et le joli, le discret vallon de l'Amezule, où serpente, quand il a de l'eau, le minuscule rivulet de La Bouzule et autres lieux.

∴

Du collet de la butte Sainte-Geneviève, à moins de 365 mètres d'altitude, c'est un spectacle véritablement enchanteur.

Comme à Vandœuvre, comme au-dessus de Beauregard et de Villers, les fées ont sûrement passé par ici.

Et tenez, en cette vesprée dominicale, où nous sommes seuls au sommet de la Butte, les voici qui reviennent, légères, aériennes, vêtues de l'or de nos genêts, du vert rouillé de nos bois, des gris de cendre de nos ciels et de l'impalpable bleu des au-dessus lointains.

Elles reviennent, les bonnes fées, et voyez donc, après avoir *marandé* d'un fil de la Vierge, d'une gouttelette de clair diamant suspendue à des ronciers, d'un parfum de menthe ou même d'un zéphyr embaumé, les voilà toutes, en cercle, qui nous invitent à la fête, la grand'fête de l'adorable contemplation des belles choses de chez nous !

∴

C'est Nancy, tant de fois décrit, tant de fois admiré, toujours nouveau, toujours gracieux, toujours merveilleux; c'est la Meurthe qui sinue en ruban d'argent à travers les prairies émaillées de frêles veilleuses; c'est Jarville et ses blanches coupoles yssant des frondaisons de Montaigu et de Renémont; ce sont, verrues géantes de l'industrie, les cônes très peu volcaniques des scories des forges, devant qui les douces fées se voilent la face, leur face pâle d'oréades et de dryades, amies des beaux sites de la nature.

C'est, en face, le mirador de Vandœuvre avec son ermitage oublié, et puis les parcs somptueux de Villers, et puis encore Maréville et Laxou et la curieuse perspective du Sacré-Cœur, semblant une cathédrale byzantine égarée au seuil du Vieil-Aître où s'alignèrent, trépassées, les primitives tribus du val de Nancy — avant que fût Nancy.

Du collet de Sainte-Geneviève, les fées du pays lorrain contemplent, dans l'extase, ce coin de terre qu'elles ont fait si beau, ces collines aux pampres vermeils, ces plaines violettes qui s'enfuient sous un ciel qui s'embrume.

Loin, bien loin, des clochers tintent le salut des soirs à la Madone de Lorraine; ce sont les villages qui se vont endormir après la rentrée des bêtes, après le souper des gens; loin, bien loin, les deux tours de Saint-Nicolas sont fièrement campées au défilé de la Meurthe, sentinelles d'autrefois qui réclament leur *Palladium* disparu, le fameux Bras d'or du Patron des Lorrains; loin, bien loin, il y a des monts qui semblent se chevaucher, barrer l'horizon laiteux, et qu'on prend, des fois, pour une armée rangée en bataille; loin, bien loin — au dire des géographes qui sont un peu fées — on perçoit confusément les glaciers des Alpes et les colosses de l'Helvétie.

Tout près, c'est la grande paix des soirs tombants, c'est le silence du collet solitaire.

Les fées s'agitent dans l'air plus épais et dans les bourrasques du vent d'Ardenne. Elles s'agitent à l'entour d'un tertre usé, effrité, *tumulus* à peine visible qui garde un glorieux souvenir. C'est là, au faîte de la Butte, c'est là qu'eut lieu, en juillet 1790, la fameuse fête de la

Fédération; c'est là que, dans l'ivresse d'une jeune liberté, on chanta messe nationale, on entonna les *Te Deum* d'allégresse, devant les légions de fédérés, les délégations des villes et des villages de toute la région.

Tertre sacré de la Butte Sainte-Geneviève, quel autel de la patrie lorraine porteras-tu quelque jour encore ?

⁂

Et les fées des bois d'alentour, du Bois-Vert et du Bois-de-l'Hôpital, de Flavémont et d'Apremont, des Lilas et de la Gueule-le-Loup, les fées disparaissent en les trous des carrières abandonnées, allant vivre leur vie mystérieuse au creux des rochers, en les tréfonds inviolés des collines et des plateaux ferrugineux.

Pourtant, le vallon d'Amezule sollicite nos curiosités bien légitimes.

En se retournant, à la distance d'un jet de pierre... c'est un coin nouveau de notre Lorraine, un délicieux ravissement.

Plus de fumées, plus d'industries, plus de scories inquiétantes, mais la sérénité, la paix, la douceur d'un pays agricole, où les habitants vivent tranquilles en la maison de leurs gens, où les années se suivent, pareilles, aux mêmes travaux des champs, des vignes et des chènevières.

Face à nous, le Pain-de-Sucre dresse son cône bizarre, phare isolé au milieu des terres; il y a des sourcelettes qui chantent au tournant de la route d'Agincourt; il y a des noyers que les passants insultent, comme dirait Boileau; il y a des vaches qui achèvent de paître et qui laissent, en revenant sur le chemin blanc, échapper d'énormes bousées aux pénétrantes odeurs.

Des lumières commencent à poindre dans l'étendue, avant même qu'il fasse nuit noire... car la plaine basse s'enténèbre vite en septembre, et voilà une étoile qui se meut par les engrangements des Viriot d'Agincourt; voilà les moulins qui s'allument à Dommartin et à Laître, et voilà, au sommet d'Amance, une veilleuse qui s'anime auprès du Grand Mont.

La terre, on la devine, on la sent, on la domine, terre de moissons et de fruits, terre plantureuse et qui produit toujours, terre fertile d'entre Meurthe et Seille, terre, hélas ! qu'on a coupée net, là, derrière cet étang de Brin, qui scintille dans son écrin d'émeraude, là, derrière Champenoux, tout près de Moncel, tout près de Vic et de Château-Salins.

Et le vent qui souffle, ce soir de septembre, à travers le vallon d'Amezule, le vent frais qui fait courber les feuillées du col Sainte-Geneviève, n'est-ce pas la plainte de la terre, de cette terre de Lorraine qu'on a mutilée et qui gémit, et qui souffre toujours de sa blessure qu'on voudrait tant guérir ?

*
* *

A Sainte-Geneviève, il y a une ferme vide où l'on vient d'établir une manière de Cure-d'Air et d'hôtellerie champêtre; à Sainte-Geneviève, il y a un mur préhistorique où les Titans de chez nous ont entassé des blocs énormes, tel le célèbre mur païen de Sainte-Odile, en Alsace.

Une eau coule près de ce mur, qui fut peut-être une enceinte, une défense, un trophée de victoire; et cette eau qui vous glace, c'est la *font* miraculeuse qu'on a mise sous l'invocation d'une bergère de France, l'humble Genovefa de Nanterre, la bénigne advocate des Parisiens dévotieux. Et je pense, moi aussi, durant que l'illumination du val nancéien se fait en partie double — du gaz par les rues longues et des étoiles au firmament — je pense à une autre bergère de chez nous, à cette Vierge des champs lorrains, à Jehanne de Domremy, notre sœur et notre patronne, la Madone de nos cœurs et l'Inspiratrice de notre amour pour la France.

Ce vallon, Jeanne d'Arc l'a vu, l'a suivi, l'a aimé,

comme elle aimait notre pays tout entier; ces collines l'ont vue passer, humble fillette angoissée, mais au cœur ferme, allant demander la force de remplir sa mission à saint Nicolas et l'aidance nécessaire au vieux duc Charles II.

Et une fée qui ne dort pas, qui rôde encore à travers les taillis de la Butte Sainte-Geneviève, m'insinue à l'oreille :

« — Le tertre historique de la Fédération de 1790... eh ! bien, sais-tu ce qu'il attend ? Une statue colossale de Jeanne d'Arc, debout sur son cheval de guerre, de Jeanne d'Arc, dressée là-haut comme la patronne de la Lorraine, comme la Sainte du patriotisme, tenant droite son épée nue et l'offrant à celui... à celui qui rendra l'Alsace à la France et fermera la cruelle saignée de notre Lorraine ! »

— Fée, ô bonne fée mystérieuse de la Butte Sainte-Geneviève, vivrons-nous assez pour voir ce triomphe, ce triomphe que chanteront, avec leurs grandes voix de bronze, les bourdons de Metz et de Nancy, de Saint-Nicolas et de Strasbourg... *los en croissant !*

II

Du plateau de Malzéville, si connu des Nancéiens, se détache vers le sud une sorte de promontoire, relié au massif par un col très étroit, et qu'on appelle la Butte Sainte-Geneviève, aujourd'hui terrain militaire entouré d'une mince couronne boisée.

C'était là qu'avant la conquête romaine une tribu gauloise avait dressé ses habitations, ses tentes, ses huttes de bois recouvertes de chaume ou de fumier, une manière de village, naturellement et excellemment fortifié et qui servit de refuge durant plusieurs siècles à de nombreux habitants des temps protohistoriques.

Ce village — à défaut des habitants — vient d'être exhumé en partie et de reparaître à nos yeux, grâce aux fouilles méthodiques et savantes exécutées par M. le comte Jules Beaupré et ses amis, pour le compte et au profit de la Société d'Archéologie lorraine.

Or, voici que l'ensemble de ces recherches vient d'être publié par leur auteur dans une importante brochure : « *L'Oppidum de Sainte-Geneviève, à Essey-les-Nancy* ».

Et c'est la vie de nos ancêtres qui réapparaît avec leur manière de se vêtir, de se nourrir, avec leurs habitations, leurs armes, leurs ustensiles de ménage, leurs monnaies et même leurs pauvres bijoux.

Un village s'étendait, là-haut, à l'endroit même où nos soldats font des tranchées de tout genre, qu'ils rouvrent et remblaient tour à tour, ignorants des trouvailles de fer, des rouelles en bronze, des poteries brisées et des meules en porphyre quartzifère, servant jadis à broyer le grain.

La description de l'historien romain Tacite reste étrangement précise au sujet de notre village de la butte d'Essey :

« Ils ont des bourgs, mais les bâtiments n'y sont pas comme chez nous contigus et attenant les uns aux autres; chacun conserve autour de sa maison un espace libre, soit pour se préserver contre les risques d'incendie, soit par ignorance dans l'art de bâtir. L'usage de la maçonnerie et de la tuile leur est inconnu. Ils se servent en toutes choses de matériaux bruts, sans souci de la décoration et du confortable... ils ont également l'habitude de se creuser des souterrains qu'ils recouvrent et chargent d'une quantité de fumier; c'est leur refuge hivernal, leurs dépôts de grains; de cette façon, ils souffrent moins de la rigueur du froid; et si l'ennemi survient, il pille ce qui est à découvert, mais ce qui est sous terre et dissimulé échappe, ou tout au moins présente l'avantage d'exiger des recherches. »

Tel était, en effet, le mode d'habitat de nos ancêtres du plateau Sainte-Geneviève, avec, peut-être, une plus grande saleté encore dans ces bouges, où l'odeur des vieux os, des détritus de tout genre, des arêtes de poissons, retrouvés dans les foyers, se mêlait à celle du fumier formant le toit ou bouchant les orifices.

Trente huttes gauloises de ce village fortifié du haut de la côte ont été découvertes à un mètre environ de profondeur et ont toutes contribué, par leur mobilier plus ou moins rudimentaire, à enrichir, de nombreux objets préhistoriques, le Musée lorrain de Nancy.

Même une cachette, une sorte de puits dans les pierrailles, a été violée et a fourni un petit trésor de quarante-six monnaies gauloises, en potin, en électrum, en argent, en bronze, et des rouelles, en bronze et en argent, avec des fibules baguées et un fragment de bracelet gaulois en verre bleu.

Notre village gaulois avait établi ses huttes un peu au hasard du vaste plateau, et c'est la sonde et les tranchées militaires qui les ont fait découvrir. On est arrivé ainsi à démontrer d'une façon péremptoire que la butte Sainte-Geneviève a contenu un groupe important d'habitations gauloises, datant de 250 avant notre ère, et abandonnées par le pillage et l'invasion lors de la conquête romaine.

C'est là un de ces *oppidum* gaulois, pareil à ceux d'Avaricum, d'Alésia, d'Uxellodunum, etc., comprenant une vingtaine d'hectares, et détruit complètement à la suite d'une catastrophe militaire, ayant amené la fuite ou la mort des habitants.

Les huttes gauloises découvertes ont de trois à quatre mètres de longueur sur deux de large. Elles étaient formées de quatre montants en bois, fichés dans la roche et calés avec des pierres plates.

De nombreux clous, pattes, crochets et autres ferrements retrouvés dans les couches charbonneuses attestent leur emploi dans la charpente de ces demeures de nos ancêtres d'il y a 1900 ans passés.

Quand l'excavation creusée dans le calcaire est vidée, les contours de la hutte sont nettement visibles. Le sol est très dur; les pierres sont disposées par lits horizontaux; au fond de chaque hutte, on a retrouvé dans les foyers calcinés, parmi des amas de cendres et de charbons, de nombreux ossements d'animaux : sangliers, cerfs, chevreuils, aurochs, etc.

Il y avait aussi, en grande quantité, des meules en basalte ou en porphyre quartzifère, brisées en plusieurs morceaux, avec des cailloux de granit ou de quartzite, apportés de très loin pour les usages de la tribu.

Les fonds de huttes ainsi mis à jour par les fouilles archéologiques ont permis de recueillir de très nombreux débris de poterie et d'objets de cuisine : des pots et des assiettes profondes, des amphores et des vases, faits d'une pâte grossière et presque tous façonnés à la main.

Des milliers de morceaux de poterie étaient disséminés dans ces huttes, où l'on a retrouvé également des fibules en fer, des couteaux, des fers de lances, des rouelles de bronze, des bracelets, des clefs, des foyers recouverts de terre cuite, des monnaies gauloises à l'effigie du sanglier, des monnaies en potin des Leuci et des Mediomatrici (Toul et Metz), des vases en bronze, un piochon en corne de cerf, des clous de fer, des fibules en bronze, un peton de tisserand en calcaire, un curieux broyon en granit, un mors de cheval, des fibules à archet, des ferrailles, chaînes, débris de dards, même l'emplacement d'une forge avec des scories, voire un silo à grains, avec des couches de blé calciné, des terrines, des meules de porphyre, etc.

En résumé, les fouilles de la Butte Sainte-Geneviève ont encore reculé les origines de Nancy en démontrant que ce plateau était habité avant notre ère par une population ayant à sa disposition les objets de l'âge du bronze et du fer, les monnaies de bronze, les poteries vulgaires, tout un mobilier rudimentaire et rustique si l'on veut, mais qui avait son importance dans la vie simple et grossière de ces peuples chasseurs et laboureurs.

C'est un vieux monde qui reparaît après les scènes de carnage qui anéantirent nos ancêtres du Haut du Mont, au soir d'une journée de deuils, d'incendie et de pillage.

Comment s'appelait ce village gaulois que la Société d'Archéologie lorraine et le zélé conservateur du Musée lorrain viennent ainsi de retrouver et d'exhumer aux portes de Nancy ?

On ne le saura sans doute jamais.

Le plateau inculte, dont les terres meubles recouvrent partout la couche calcaire de l'oolithe inférieure, gardera son secret... et la nature continuera son œuvre sur cette Butte Sainte-Geneviève qui vit la Fête de la Fédération au 19 avril 1790, qui reçut plus tard les agriculteurs en herbe de Turck et de Berthier, et qui voit aujourd'hui nos jeunes soldats, face à la frontière de la Seille, creuser de longues tranchées, en contemplant l'un des plus beaux panoramas de la terre de Lorraine.

Et que se passera-t-il un jour sur cette *Butte* préhistorique où feu Emile Jacquemin voulait dresser une statue colossale de la Vierge des Armées ? C'est le secret de l'avenir, comme hier encore les souvenirs de nos pères étaient le secret du passé.

Le Pain-de-Sucre

I

A une noce des environs de Nancy — qui n'est pas d'hier, hélas ! — une petite Marie Mangin d'Agincourt, qu'on m'avait donnée pour valentine, et qui doit être une bonne grosse maman aujourd'hui, m'avait dit d'un ton lorrain délicieusement trainard :

« Comment, vous ne connaissez pas le Pain-de-Sucre ? Mais il faut venir voir ça, grimper jusqu'en haut et compter les villages des alentours. C'est magnifique ! »

⁂

Hier seulement, je suis allé voir « ça » et j'ai fait lentement l'ascension de ce curieux Pain-de-Sucre, montagne ferrugineuse qui se dresse, isolée, au-dessus de nos plaines d'Essey et de Pulnoy, un peu affaissée de ce côté, mais toute raide et toute abrupte sur la vallée de l'Amezule, le fleuve impétueux de La Bouzule, Dommartin-sous-Amance et Ley-Saint-Christophe.

Et c'est vraiment — à travers cette Lorraine qui en compte tant — l'un des plus beaux sites des environs de Nancy, en dehors de toute industrie, loin des crassiers, des fumées et des hautes cheminées de briques rouges.

On peut y aller, à ce Pain-de-Sucre, par le chemin de fer de Château-Salins ou encore par la grand'route d'Essey, de Seichamps, de Laneuvelotte et de Champenoux; mais il est une autre route qui réserve d'agréables surprises et qui reste l'une des plus délicieuses promenades de nos alentours.

Au matin du jour, alors que tout le val nancéien est encore embué sous un voile gris, on s'en va par le faubourg Saint-Georges, par l'avenue de Saint-Max aux maisons blanches, jusqu'à la grosse bourgade terrienne d'Essey, tapie sur la route au milieu de ses étendues de jardinage.

Ici, là, en des boqueteaux d'un vert sombre, il y a des châteaux, des villas de plaisance aux premières montées des vignes; voici le Bas-Château devenu un « mouroir » pour les Nancéiens fatigués de l'existence; voici le château du Haut avec ses créneaux de fantaisie, son église aux trois nefs ogivales, sa terrasse d'acacias, d'où la vue s'étend, à des lieues, sur les champs dépouillés de leurs moissons, sur la vallée industrielle, sur les plateaux et sur les Vosges lointaines.

Là, à un contrefort de l'église, dans ce cimetière d'Essey où il doit faire si bon dormir, il y a une inscription étrange et qui dit ceci : « *Ici repose le corps de C. Masson; décéda le 20 février 1758, âgé de 156 ans.* »

Las ! mon Dieu ! 156 ans, mes bonnes gens, est-ce bien possible !

Voilà un homme, un terrien d'Essey, qui a vu 156 fois la terre se couvrir de moissons dorées et 156 fois les vignes produire de ce bon vin encore réputé de nos jours !

Ce vieux père Masson là... mais il aurait pu voir Henri IV et Louis XIII, Louis XIV, au règne si long, et la moitié du règne de Louis XVI; il a vu, c'est certain, nos ducs Charles III, Henri II et Charles IV; il a connu les misères de la Guerre de Trente-Ans; il a maudit Richelieu, La Valette et La Force; il a, jeune encore, assisté aux pillages des Français, des Suédois et des Croates, et puis il a vu les trois occupations françaises de la Lorraine, il a entendu parler des prouesses héroïques du vaillant Charles V, et finalement, il a, tout vieux déjà, revu le duc Léopold, son fils François IV, et la cour brillante du bon Stanislas de Pologne.

156 ans ! Si la pierre d'Essey ne s'est pas trompée, celui dont les os s'effritent aux pieds de ce contrefort depuis

1758 devait être un légendaire vivant, reliant les temps héroïques des René II et des Antoine à ceux tout proches de l'annexion à la France et la Révolution.

⁂

Le chemin monte ensuite par ces vignobles d'Essey, un peu malades cette année; et puis c'est aussitôt la grande paix des champs, l'entre-deux empierré où des sources coulent vers Essey, Dommartemont et Saint-Max, sous la couronne très mince de sombres forêts qui dominent le coteau.

La vue s'étend merveilleuse... un tapis de prés verts s'étale jusqu'au Bas-Château... des boqueteaux cachent des maisons de plaisance; l'ancien clos de Bassompierre où Pierre Wursthorn fabriquait le grand mousseux lorrain, allonge ses murs blancs en avant des mirabelliers aux fruits d'or, et tout au loin... comme perdue dans une gaze d'un gris argenté, c'est Nancy avec sa vallée de la Meurthe, avec ses étendues toujours pareilles et toujours aimées, du fin fond de Jarville, aux deux cônes poussiéreux, jusqu'à Vandœuvre, Villers, Maréville, Beauregard et Boudonville.

Près d'une source où viennent boire lentement les insectes et les bêtes rampantes, il y a des ronciers touffus, chargés de prunelles bleues, de poches rougeâtres, de gratte-cul encore verts et de mûres qui rosissent discrètement. Il y a, le long du bois de Sainte-Geneviève, devenu terrain militaire, il y a des noisetiers et de gros noyers aux innombrables « floquées »; il y a des carriers qui tirent de la pierre blanche pour les allées des « Lilas », l'enclos magnifique de M. Laissy, qui a succédé aux abris sous roche des hommes primitifs et au mur préhistorique que Bleicher a retrouvé sur ces hauteurs.

Et c'est tout de suite un changement à vue.

Adieu, le val de Meurthe, le panorama de Nancy, adieu les entours d'Essey, le creux de Saint-Max où, lugubres, des cloches sonnent un trépassement, adieu la jolie propriété où vint mourir Loritz, adieu la Gueule-le-Loup, et, toutes blanches, sous le gai soleil du matin, les maisons basses de Dom Martin au Mont !

On franchit une ligne de faite, le sommet de Sainte-Geneviève, où nos pères montèrent en 1790, par milliers et milliers, pour la messe des drapeaux tricolores de la Fédération de 1790... et un nouveau décor se déploie devant nous, planté là instantanément par le plus habile des machinistes et le plus merveilleux des paysagistes.

Entre quatre piquets dressés haut sur le ciel de Lorraine, on a comme accroché un voile de féerie, où l'on a dessiné des villages rouges et blancs, des prés verts, des terres de toutes couleurs, divisées en casiers méthodiques, des vignes et des vergers, des arbres et des chemins sinueux, voire un ruisselet d'argent clair qui coule lentement entre les saules nains.

C'est la vallée de l'Amezule, depuis Lay-Saint-Christophe jusqu'à Agincourt, et depuis Eulmont et Dommartin, jusqu'à la sentinelle hardie d'Amance, debout à l'entour de son double montet.

Et les quatre piquets qui soutiennent ce pays agricole et le circonscrivent, c'est le mont d'Amance, c'est le Pain-de-Sucre, c'est la montagne de Sainte-Geneviève et c'est, sous l'immense plateau de Malzéville, le bois sacré de Flaménmont, où les bonnes gens d'Agincourt ont dressé une statue à la « Vierge ayant enfanté », à Notre-Dame d'Amezule.

La descente sur Agincourt est d'une douceur infinie : des eaux sourdent, limpides, du coteau boisé; il y a des tilleuls énormes au bord du chemin blanc, et une brise embaumée qui a passé sur la terre et les moissons du pays lorrain, vient tempérer agréablement les ardeurs du soleil d'août.

⁂

Aginçourt, avec ses 268 habitants, avec ses exploitations agricoles et ses vergers croulant sous les fruits, est d'un calme absolu et reposant.

Il n'est pas vrai de dire qu'on n'y voit pas un chat, car ces bêtes soyeuses y abondent, étendues au soleil ou « fiârant » par les enclos de jardinage.

Les gens sont partout, aux champs, aux moissons des avoines, au fond des maisons et des étables. Et les rues, mangées de soleil, sont tranquilles et solitaires.

Pas même une *râce* pour nous dire où l'on peut dîner, pas même un timbre-poste pour affranchir une carte postale, pas même — dans ce petit pays si paisible — une bonne tarte aux mirabelles chez le boulanger de l'endroit.

Et c'est pourtant l'avant-veille de la « fête », des baraques se montent près d'une manière de parc ombragé qui doit longer la maison ancestrale des Viriot, autour d'une pittoresque fontaine; des tapis sont bellement étendus au soleil dans le jardin des Maucolin, suspendu au-dessus de la grand'route, et voici qu'une bonne odeur de soupe au lard, sur les coups tapants d'onze heures, passe à travers la porte lattée du café Bazelaire.

C'est l'intérieur lorrain rêvé... la salle de café banale et coutumière franchie. Une grande cour, avec tout autour des halliers, les dépendances, la *rang* des cochons, l'écurie et l'habitation des poulailles. Et puis le jardin fleuri, allant jusqu'au ruisseau d'Agincourt, et puis la bonne cuisine d'autrefois, appétissante, proprement faite et gentiment servie par une vieille mère-grand de 81 ans, assistée d'une gente pucelle de 13 ans, aux joues roses et duvetées comme une pêche.

C'est à rester là, des heures, sous ce grand hallier, où pendent les vieux outils du père Bazelaire, qu'on a ramené des vignes, l'autre jour, mort à 82 ans; où les « Messieurs

Viriot » viennent s'asseoir et faire leur partie, où tout un siècle d'honneur, de foi, de gaîté et de bon sens a passé dans trois générations lorraines.

Et *ce siècle* se déroule en histoires, en récits, en généalogies. Je sais bientôt le passé d'Agincourt, les tenants et les aboutissants des familles, les noms des curés et des maîtres d'école, un Jonquard, un Vigneron, un père Coulle et celui-là d'aujourd'hui, un gros, tout gros, qui « n'en peut plus qu'un peu ».

Tout Agincourt se révèle à moi avec sa vie calme de bons terriens, cultivant sur le leur, peu fortunés d'argent peut-être, mais si riches des biens du cœur et de l'âme.

Il y a des parents qui vont venir à la fête, ici, là; des amis qui viennent à toutes les séances, quand on tue le cochon et quand on a fini la moisson; il y a not' demoiselle qui « vaut trop pour servir... » il y a surtout, sous ce hallier plus que séculaire, où fume la soupe au lard et aux légumes frais, il y a toute une tradition lorraine qu'on voudrait retenir et précieusement garder pour les générations à venir, qui vont tout oublier, hélas ! de ce qui a fait le charme si pénétrant et si vif de nos villages, et des admirables campagnes de chez nous !

* * *

C'est maintenant, sous l'intense braisillement du soleil de trois heures, la rude grimpée à travers les *touilles* de blé ou d'avoine, l'ascension lente du Pain-de-Sucre, le mont chauve qui se dresse si hardiment au-dessus d'Agincourt.

On monte, on monte lentement, foulant la terre où il y a du fer, parmi des fleurettes blanches et bleues, les pieds d'alouettes si délicats, et les mignonnes touffes roses qui ont cru partout, après la moisson.

Çà et là, des excavations, de très vieilles galeries pour la recherche du minerai de fer, exploitées déjà par les

Romains, et puis une dernière montée abrupte, où seules les broussailles poussent, où des épines semblent défendre jalousement le sommet du mont isolé.

Le pied glisse sur l'herbe courte; des pierres rougeâtres dégringolent au moindre heurt; mais enfin l'obstacle est franchi facilement, et nous sommes au point culminant du Pain-de-Sucre, à 356 mètres d'altitude.

Silence partout ! Un calme étonnant règne en cette solitude, où les nuits d'été, assure-t-on, viennent s'aimer les lutins et les fées du pays lorrain.

Sur le gazon tondu ras, en plein soleil qui inonde la mince plateforme du Pain-de-Sucre, je m'assieds pour contempler la Lorraine.

Des fumées... il n'y en a point, nulle part... c'est la pleine terre agricole, les labours, les bois sombres, les prés qui dévalent et les vignes qui s'étalent au flanc des coteaux.

Tout le pays d'Amezule est là, tout l'entre-deux de Meurthe et Seille, avec les lointains du Vermois, de Léomont, d'outre-Seille, et très vague sur l'horizon, la ligne bleue des Vosges, confondue dans les nuages gris-cendrés.

Les bois sont calmes et reposés; nulle brise ne les agite... voici La Bouzule et Champenoux, Fleur-Fontaine et la forêt où les fées ont caché le miroir d'argent de l'étang de Brin, cher aux pêcheurs; voici les clochers qui pointent un peu partout, et tout loin, vers le Nord, des constructions blanches au haut d'un mont... les avancées formidables d'une forteresse de Metz.

Les heures passent, exquises et reposantes, dans le silence auguste du sommet du Pain-de-Sucre.

Déjà le soleil a décru... les grandes ombres apparaissent sur les coteaux; les cheminées fument aux maisons d'Agincourt pour le repas champêtre du soir.

Un lièvre au derrière roux sort brusquement d'un champ

de betteraves, songeant peut-être — le pauvre — aux temps qui approchent où des hommes cruels vont venir le poursuivre de leur plomb meurtrier.

Les grillons chantent de leur voix stridulente en faisant la sonnée des adieux au jour, à la chaleur, à la vie; les attelages ramènent aux fermes les grands chariots à échelles avec les gerbes d'avoine... et voici bientôt le long ruban blanc de la route de Nancy, la route qui garde les monuments funéraires du général de Gouy, tué en 1817, et d'un Malgras de Champenoux, écrasé en 1866 par une voiture remplie de tabac.

Le Pain-de-Sucre disparaît bientôt... tout à l'heure sa solitude s'emplira d'êtres mystérieux... les bons génies du pays lorrain qui s'y viendront reposer de leur travail infatigable en nos champs et nos vignes, nos ronces et nos ruisselets, nos prés verts et nos vergers à fruits.

II

Parmi les bruyères et les buissons nains d'aubépine, le vent passe, humide et froid... le vent d'automne des novembres lorrains... et de l'eau suinte, goutte à goutte, à travers les rocailles ferrugineuses du sommet du Pain-de-Sucre, face au plateau gaulois de Sainte-Geneviève, aux frondaisons dorées de Flamémont, à reversmont du plateau de Malzéville.

***

Le mont regardait Agincourt et Agincourt regardait le mont.

Entre eux deux, depuis longtemps, c'était l'accoutumance du bonjour quotidien, des sentiers à travers les champs pierreux, des mêmes herbages et des mêmes plantations.

Les gens du pays, depuis des millénaires, regardaient la montagne pelée qui se hissait comme un cercueil géant en plein cœur de leur terroir, observatoire merveilleux au temps des invasions d'autrefois, simple baromètre aujourd'hui indiquant le beau temps ou la pluie suivant les saisons.

Loin, bien loin, des bords de l'Amezule aux rives sinueuses des ruisseaux de chez nous, on apercevait le mont bizarre, dans son splendide isolement, borne titanesque aux contours changeants, suivant l'orientation, « pain de sucre » ferrugineux dont les flancs recélaient des trésors.

De Lay, d'Eulmont, de la citadelle d'Amance, des bordes et des censes d'alentour, on contemplait avec étonnement la mystérieuse montagne, où jadis, affirmait-on, s'allaient joindre les satyres et les dryades, où les fées, sous le plomb-soleil, tissaient des étoffes de pierreries, où les sorcières venaient au sabbat, où les braconniers chassaient le gibier de nos ducs, où maintes fois, depuis l'An terrible, les douaniers firent la guerre aux contrebandiers.

Le Mont restait là, sentinelle avancée, regardant à des lieues, dominant les terres aux rayures rouges et jaunes, les luzernières et les champs de blé, les avoines et les seigles, les vergers et les bois, regardant couler, toutes menues, les eaux clairettes d'Amezule et de Seille, des rupts innombrables des plus humbles vallons.

De ses flancs, de sa croupe puissante, d'autres eaux yssaient, susurrantes. C'étaient des sources de vie, un ruisselet d'argent qui s'en allait dans un repli fleuri et qui fertilisait un canton, une « fin », avec une manière de « reposoir » exquis au milieu d'herbages de senteur, là même où l'eau sourdait du sol, entre des saulaies, du thym et des menthes sauvages.

***

Un matin de novembre brumeux, je suis retourné à ce Pain-de-Sucre, au géant d'Agincourt, Thabor merveilleux du pays de Lorraine.

Des ouates blanchâtres s'enlevaient lentement, débris de fumées voltigeant à mi-mont. De Lay-Saint-Christophe on n'apercevait qu'une mer de nuées grises, d'un gris sale qui s'épaisissait par en haut, comme une masse impénétrable et profonde, cachant les choses, dérobant les horizons coutumiers.

En bas, ces brouillards se diluaient en moiteurs humides, faisaient les chemins gras, les sentiers glissants, déposaient des gouttelettes sur les herbes des champs, sur les arbres aux feuillages éternels, étouffaient tous les bruits de la vallée.

C'était novembre endeuillé, veille des hivers, où pourtant la nature n'a pas encore dépouillé ses splendeurs, où le soleil met des points éclatants à travers les forêts, où les peupliers des routes font mine de jeter aux passants une pluie de sequins d'or.

De Lay à Eulmont par le creux du vallon, la route est pittoresque au possible.

Cette Amezule est d'un caprice sans pareil, allant à droite, allant à gauche dans les héritages, coupant les prairies, traversant un champ de pommes de terre, caressant doucement des rectangles violets où poussent des blés de Rome ou des topinambours... et toujours suivie, gardée, délimitée par un double rang de saules verts aux troncs noueux et tout déjetés.

On tire joliment le « pâcha » en passant par les sentiers des vignes, des pauvres vignes où l'on a tant œuvré cette année pour une récolte absente.

La terre est grasse, prenante et forte.

Sur son mamelon couronné de forêts, Eulmont s'étire et s'étend à n'en plus finir, jusqu'à une manière de château, gentilhommière agricole.

Et soudain, sans que l'on sache comment, sans aucun souffle du vent d'antan, voici la vallée qui se découvre, toute; voici les à-côtés grimpants qui apparaissent successivement, avec leurs bandes de terre se suivant à l'infini, découpures d'acquêts, frontières de propriétés morcelées.

C'est alors la vue qui plonge sur Agincourt aux deux chemins qui montent; c'est le plateau de Malzéville avec son bois de Flamémont; c'est le moulin de Piroué; c'est le rupt sorti des flancs du Pain-de-Sucre et de Sainte-Geneviève; et c'est, dans sa gloire, parmi les fumées blanchâtres du sommet, léchures de brume, débris de vagues aériennes, c'est la cime auguste du Mont qui se dresse, isolée, attirante et mystérieuse.

Le Mont regardait Agincourt et Agincourt regardait le Mont.

***

Le rupt de Chachauoïe... c'est ainsi qu'ils appellent, de toute éternité, le ruisseau qui traverse Agincourt. Une fontaine est là, dans un paysage biblique, sous des grands arbres, avec des bancs de pierre en hémicycle pour les laveuses fatiguées... ou pour leurs admirateurs.

A cette fontaine, bien des gens sont venus boire, chemineaux de tous les temps; bien des bêtes ont ruminé, les yeux vagues, bien des oiseaux ont humecté leur frêle gosier de bons chanteurs lorrains.

Y vont encore, à des heures propices, les tout vieux d'Agincourt, ceux qui vont sur « nonante », pour « voir passer le monde » et pour « couarailler » du passé.

On les « renouvelle toujours » les anciens disparus, ceux qui ont labouré depuis des siècles, les Maucolin et les Bazelaire et jusqu'à ce « garçon » qui s'en allait planter sa tente ailleurs, trouvant qu'on ne travaillait pas assez chez les Florentin.

Un sentier prend là, « derri lé fontaine d'Aginco », et c'est tout de suite la rude grimpée, l'ascension du Pain-de-Sucre, l'emprise de la montagne.

Droit devant soi, on monte, on monte encore. Les terres s'en vont, à la ribambelle; voici les éteules des récentes moissons; voici les vestiges des betteraves et des « lisettes »; voici les endroits pierreux où se terrent les lézards gris, où se sauve un lièvre, en caponnant; et voici les trèfles et les sainfoins où paît le troupeau communal d'Agincourt.

Finies maintenant les cultures... la terre que l'on foule est stérile et rebelle au soc de la charrue.

C'est déjà le sommet de la montagne, comme un cône long et étroit, une pyramide de pierres rouges et jaunâtres, tapissée d'herbe courte, avec, çà et là, des fleurettes qui ne veulent pas mourir, des buissons nains d'aubépine, des touffes de rosier sauvage, chargées de gratte-cul tout « mollats ».

Lentement, dans le calme mystérieux de cette solitude, nous faisons le tour du sommet, de la cîme auguste qui fut peut-être un temple, qui reste aujourd'hui un signal militaire et qui, demain, pourrait être le piédestal grandiose d'une grandiose statue de Jeanne d'Arc, l'épée haute pour défendre la France... aux Marches de Lorraine.

Excelsior ! Plus haut ! plus haut encore ! Nous voici au faîte, dans l'*oppidum* des Gaulois et des Romains, sur la crête rocheuse qui domine le pays tout entier.

Toute la terre est là... la terre de chez nous, encore embuée dans les lointains. Mais aujourd'hui je ne suis pas venu demander au Mont les apothéoses des panoramas splendides... aujourd'hui, je voudrais connaître un peu des mystères d'autrefois, de ces temps révolus, où ils venaient s'aimer ici, les monstres chèvre-pieds et les nymphes aimables des campagnes, les divinités faciles et douces des âges lointains... tout pareils aux nôtres, je veux le croire.

Une croix est là, faite de deux brindilles entrelacées, et que les saisons ont desséchées... et c'est l'entrée obstruée des carrières, de la mine de fer que les hommes primitifs exploitaient, comme ils tiraient du sel dans leur fameux briquetage de la Seille.

Et quelqu'un qui sait tout de l'époque de la préhistoire en Lorraine, quelqu'un nous raconte la légende d'Amarina, la fille gauloise de Flamémont, venant, la nuit, rejoindre son amant, le beau Sancius, au sommet du Pain-de-Sucre ferrugineux.

Là-haut, dans l'oppidum de Sainte-Geneviève, les huttes gauloises s'étageaient, dominant la plaine.

Les femmes activaient le foyer, entassaient les poteries grossières (que l'on a retrouvées récemment), écrasaient le blé sous les meules en porphyre quartzifère et en lave de Niedermendig, apportées là à dos d'homme durant les exodes... pierres sacrées du pain quotidien.

Et les Gaulois de l'âge du fer, allaient et venaient par les forêts d'alentour, avec leurs haches polies en schiste amphibolique, leurs flèches en silex, leurs broyons, leurs lances munies de solides ferrures.

Le fer, ces populations guerrières le trouvaient tout près, quasiment au faîte du Pain de Sucre, et ils en faisaient des armes, des instruments, des objets de tout genre.

Le fer, ils le prenaient là, sous forme de minerai de fer fort, en rognons, en gros grains ou pysolithes et c'était un véritable établissement métallurgique dont les scories deux fois millénaires attestent encore l'importance.

*
* *

Deux fois le jour, Amarina la Gauloise descendait du vallum retranché de Sainte-Geneviève pour aller puiser de l'eau à la fontaine des Druides, qui coule encore à reversmont, regardant Agincourt et le Pain-de-Sucre.

A Rosmerte, la bonne déesse de ce temps-là, elle fit un vœu : d'aller choisir un époux parmi les rudes forgerons du Mont-Chauve, parmi les jeunes hommes sachant manier l'épée et bâtir les huttes massives de branchages.

Le soir, quand les flammes de la forge primitive eurent fini de rougeoyer sur l'horizon, Amarina salua les étoiles, quitta le campement, descendit la pente de Flaménont et bientôt, après une pause à la fontaine — où son cœur battait bien fort — elle fit pour la première fois l'ascension du Pain-de-Sucre.

Ce fut là, sous les regards amis de la lune, parmi les silences sans fin de cette nuit divine, qu'Amarina fit la rencontre de Sancius.

Dans la grotte du Mont-Chauve, parmi les pierriers de pysolithes, ils s'aimèrent...

Et il n'y avait là que deux jeunes humanités, aux premiers âges du monde.

Comme aujourd'hui, la montagne soupirait faiblement, des pierres cassées roulaient dans les éboulis, le vent murmurait sa cantilène étrange des nuits d'amour, et les eaux coulaient, clairettes, sur les pentes, à travers les herbages, parmi les saules et les bouquets nains d'aubépine.

Mais le matin, quand le soleil reparut sur la cîme, irradiant les entours, les forgerons gaulois découvrirent en le pierrier du fer les corps inanimés d'Amarina et de Sancius.

Le Génie mystérieux du Pain-de-Sucre les avait tués, fauchés dans leur fleur, en pleine nuitée d'amour...

∴

Et des savants, archéologues de la préhistoire, ont retrouvé les os deux fois millénaires de ces amants, avec leur pauvre mobilier funéraire, le vase de poterie, le moulin de porphyre, la petite hache de schiste amphibolique, et la monnaie pour le nocher des enfers, le menu bronze à l'effigie du sanglier.

*
* *

On dit que le Géant du Pain-de-Sucre, génie si redoutable aux amants d'autrefois, s'est bien apaisé depuis. Il est rentré sous son couvercle de pierres et de minerai de fer; c'est à peine, en prêtant bien l'oreille, si l'on perçoit encore ses chants mystérieux et ses clameurs d'en dessous.

Le mauvais génie du Pain-de-Sucre est mort... et l'on dit que parfois des amants ont pu s'y aimer sans crainte, devisant d'avenir, de félicité sans fin, face au soleil, aux terres qui s'en vont jusqu'au val, à l'infini.

Parmi les bruyères et les buissons nains d'aubépine, le vent passe, humide et froid... et de l'eau suinte, goutte à goutte, sur les ossements des deux amants d'autrefois, en la mine de fer du Pain-de-Sucre, face au plateau gaulois de Sainte-Geneviève au pays de Lorraine.

La Côte d'Amance

A cause précisément de leur proximité de Nancy, nos environs immédiats, à trois lieues à la ronde, sont peut-être les points les plus inconnus des Nancéiens, amateurs de spectacles grandioses de la nature.

Sauf, en la saison d'été, Liverdun, Marbache et Maron, aux jours des pèlerinages populaires, Saint-Nicolas, Mars-la-Tour et Sion, — les alentours de la cité ne sont guère visités que des pêcheurs, des familles ouvrières ou des amoureux en rupture de ban.

Et pourtant il n'est rien de plus charmant que ce coin du pays lorrain, qui va de Rosières à Cereueil, de Champenoux à Amance, de Lay-Saint-Christophe à Bouxières, de Frouard à Liverdun, de Maron à Messein, de Ludres à Flavigny et à Neuviller.

C'est à la fois la double et si pittoresque vallée de la Moselle et de la Meurthe, les monts chauves ou boisés qui enserrent les deux rivières; ce sont, doux à l'œil et se profilant sur le clair horizon, des bois, des bois encore, des mamelons de terre lorraine, des maisonnées éparses sur les montées, et, tapis dans des verdures sombres, de coquets villages d'où pointe toujours un clocher de pierre à la flèche d'ardoise.

Le plateau ondulé qui, du thalweg de la Meurthe s'étend jusqu'au pays salin, est parsemé de nombreux et gros villages, paresseusement assis sur la route blanche ou dans des cirques naturels qui retiennent les eaux rares.

Ferrugineux, des monts isolés se dressent : tels le Pain-de-Sucre, à la forme si bizarre, qui surplombe Agincourt, la butte Sainte-Geneviève dont le crâne pierreux est tout dénudé et s'entoure d'une mince couronne sylvestre; Amance et ses deux sommets arrondis; Haute-Lay, Malzéville et la Falizière qui penche derrière la pelouse antique des Dames de Bouxières.

Et toujours les mêmes, avec leurs maisons basses, leurs vastes engrangements, leurs puits à la poutre branlante, leurs fermes isolées, leurs églises modestes aux ogives défigurées, les villages lorrains s'étalent sur le plateau, au milieu des bandes de terre cultivée, parmi les champs et les prés, derrière les boqueteaux qui rappellent la grand'forêt primitive couvrant tout le pays aux âges de la préhistoire.

Primitifs encore, les habitants; défiants outre mesure en face de l'étranger et du citadin, curieux à l'excès dans cette monotonie de champêtre existence, âpres au gain et amoureux passionnés de la terre, la grande nourricière qu'ils fécondent et remuent sans cesse par le soc et par le *haoué*.

La politique a pour eux peu d'attraits; leur esthétique est nulle ou presque; les beautés de la nature ne leur arrachent aucun cri d'admiration : ils les voient tous les jours et par tous les temps; ils vivent ainsi, depuis des générations et des générations, naissant, œuvrant et mourant, sans penser au pourquoi de l'existence, se nourrissant de rien et, malgré tout, pleins d'endurance, de robustesse et de vaillance.

Et, après cent années et plus, c'est encore presque la timidité d'antan vis-à-vis des seigneurs et des riches, le même trouble devant l'opulence, la même confiance sereine devant le maire et le curé, représentant pour eux la double autorité souveraine : Dieu et la loi !

Ces sentiments, je les ai retrouvés partout sur le plateau lorrain, et partout ancrés au cœur des populations.

Aux deuils de chez nous, rarement l'on pleure à grands cris, la douleur reste au fond; mais, aux jours des désastres terriens, quand le cyclone a tout ravagé, quand la grêle ou la gelée a détruit les espérances de l'année, les mères lorraines poussent des hululements de mort, anéanties sur leur seuil de pisé, devant les enfants accroupis et muets d'épouvante.

.˙.

J'ai voulu revoir ce vallon de l'Amezule, traverser ces villages connus et refaire l'ascension un peu fatigante de ces montets d'Amance, du Pain-de-Sucre et de Sainte-Geneviève, qui sont, pour nous autres, Apennin et Caucase.

L'Amezule ! quel joli ruisselet, quand il coule, quand il coule si clair au milieu des prés verts entre sa double rangée de saules nains. J'ai voulu boire à sa source, où la nymphe effarée d'Erbéviller me regardait si confuse, sa source « qu'un géant altéré boirait bien d'une haleine », sa source quasi tarie et qui mouille à peine les prairies d'alentour.

J'ai voulu suivre lentement son cours sinueux, m'arrêter aux gracieux moulins des prises d'eau, assister au mariage du ruisseau avec la Meurthe, à la grande courbure d'avant Bouxières, mariage d'amour et d'inclination parmi les roseaux qui susurrent les épithalames, les menthes sauvages qui embaument, les mille-pertuis qui tapissent la conque de verdure, les mûres des ronciers qui défendent aux profanes l'approche du lit nuptial.

A Lay-Basse, à Lay-Haute, au pays d'Arnulphe, d'Oda et de Doda, ancêtres des Carolingiens disparus, c'est une vraie colonie de Nancéiens, hospitalisés en des manoirs champêtres.

On y voit des musiciens qui soupirent la cantilène connue : « *In nidulo meo moriar* »; on y voit des savants qui discutent sur Lothaire et sur saint Arnould; on y voit des petites filles qui rondient sur un ponceau et qui chantent l'antique refrain des *baisselles* de chez nous :

O saint Christophe, ô bienheureux,
Toi qui portas le Roi des cieux,
Quand tu traversas la rivière,
L'eau n'atteignit pas... ton derrière.

O petites Layettes, chantez, chantez encore, sous les mirabelliers qui ploient et les pommiers qui chancellent, chantez toujours les chansons de nos mères-grands, les *rondiaux* naïfs du temps passé, qui était encore le bon temps, allez !

Ces filles parlaient encore de femmes qui étaient des Marguerite, et de marguerites qui étaient des fleurs... et puis, soudainement, comme une envolée de moinelles et de pinsonnes elles s'enfuirent à travers les jardins pour aller voir s'il n'y avait pas de petits enfançons dessous les choux.

***

De Lay-Saint-Christophe à Amance, par les sentiers du val, la route est simplement délicieuse.

Il y a des trous de souris plein les champs, et des fois, des *mezalles* au nez pointu mettent furtivement trois poils à la portière; il y a, sur le chemin desséché, des taupes mortes, le ventre rebondi, et leurs pauvres yeux voués à la nuit, ouverts démesurément en pleine lumière d'août.

Et il y a des chiens, voyez donc, qui viennent flairer ces trous de souris, et dont les désirs sont insatiables, et dont le désespoir est comique de ne pouvoir tenir le petit animal qui leur fait la nique au fond de sa tanière.

Et toujours l'Amezule décrit sa courbe et se promène avec ses acolytes sempiternels, les humbles saules au feuillage frémissant et doux.

Sous un bois, entre des vignes, c'est Eulmont qui passe, allongeant ses maisons en une enfilée de rue qui n'en finit plus, et regardant Agincourt et Dommartin aux tourelles pittoresques, à la haute chapelle castrale, fort curieuse encore malgré son délabrement.

Par un chemin à lacets, l'on arrive ainsi au gros village d'Agincourt, agréablement étendu au pied du Pain-de-Sucre. L'horizon change, et le val enchanteur où — quand elle peut trouver de l'eau — coule la très capricieuse

Amezule, apparaît avec ses bouquets d'arbres, ses routes à méandres multiples, ses fermes aux airs de hameaux, sa ligne étroite de chemin de fer et ses côtes vineuses, dont la plus haute montre encore les restes des fortifications d'Amance, castel féodal de nos ducs.

Sous un tilleul énorme, peut-être restant d'un bois sacré, coulent des eaux claires, invitant au repos, face au vallon d'Amezule, face au Pain-de-Sucre où, bêlantes, des brebis broutent les roses bruyères, le Pain-de-Sucre qui vit jadis les courses furibondes des protégés des bonnes Wanham (*vani vanum*), et que l'industrie du fer a totalement abandonné aujourd'hui.

D'Agincourt à Laître, la route est brève; par le sentier des champs, sous les gros noyers de la commune, il n'y a personne au chaud du jour, personne que des lézards verts tout mignons qu'il faut se garder d'écraser, personne que des milliers d'oiseaux qui gazouillent dans les haies épaisses, personne qu'un joli petit écureuil qui fait sa toilette sur un mirabellier et qui rit dans sa barbe de la bonne dînette qu'il va faire.

A Laître, village montant à mi-côte, ancien dortoir de Gallo-Romains ou de Francs, on peut faire une longue et fructueuse visite au plus ancien temple de notre pays, l'église classée comme monument historique avec son riche portail roman, aux trois baies naïvement sculptées, son tympan aux figures rudimentaires d'un Iésous byzantin dans sa gloire, son retable gothique du XVe siècle, encastré dans le portail roman, son *oculus*, ses nefs basses, mais d'art très curieux et très vieux.

On a soudain, dans cette église millénaire, l'impression de choses très lointaines, qui passent, imprécises; des gens d'autrefois ayant vécu là, des seigneurs pleins de férocité, acceptant l'Evangile et conservant toute la sauvagerie d'hommes guerriers, semeurs de mort.

Et dans le fond, devant la piscine où l'on baigne les âmes dans le chrisme baptismal, en l'*oculus* vide de la manne eucharistique, une veilleuse faiblement scintille, tremblotante au moindre souffle, feu qui ne meurt pas, mais si petit, si petit, essayant de luire à travers les ténèbres présentes, et de réchauffer les cœurs au souvenir des gens d'autrefois, simples et naïfs, crédules et pieux.

*
* *

Mais la montée se fait plus rude; dès Boutangrogne, ferme adossée au petit mont, Amance apparaît, enlaçant le coteau à 408 mètres d'altitude, étayant ses maisons basses contre le roc, avec d'énormes contreforts pour soutenir son église aux trois nefs du XVe siècle.

Restent du Moyen-Age et des ducs de Lorraine, des fossés mi-comblés, des tourelles, des puits profonds, des écus martelés, des pans de mur enfoncés dans le sol, et des pierres, des pierres grises et comme recuites par les soleils, des pierres qui sont muettes mais qui ont vu les sièges et les guerres d'autrefois, les hauts et puissants seigneurs, et qui ont été, ces pierres, les assises d'un des plus gigantesques châteaux-forts de Lorraine, l'égal de Mousson et de Prény, de Pierrefort et de Vaudémont.

Mais ici les ruines ont presque toutes disparu... la colline a été arasée en terrasse, les pierres ont servi à construire des maisons et des enclos pour les héritages; entre le Grand-Mont et le Petit-Mont, l'ancienne ville s'en va, avec ses rues tournantes et grimpantes, autour de ce qui fut la forteresse féodale des suzerains de Nancy.

Un vieux cimetière empli d'orties et *d'épaulettes*, entoure le moûtier des gens d'Amance; des morts sont oubliés là, gens de noblesse, curés de jadis, mêlés aux serfs et aux roturiers du passé... et leurs os se muent en la même poussière, et les dalles effacées ne disent plus même les noms de ces gens qui furent grands en leur vie mortelle.

Oh ! le vieux cimetière désaffecté d'Amance, qu'il y ferait bon dormir un jour, là, près du clocher massif, face à ce pays lorrain qui s'étale sous les yeux, dans cette terre remuée depuis plus de mille ans, et qui est de la poussière d'humanité !

L'église d'Amance serait une chose exquise si l'on voulait bien l'entretenir et la restaurer décemment.

Si j'étais curé d'Amance, je garderais pieusement la cendre des morts et leurs naïves inscriptions tumulaires, qu'on a brisées pour une banale céramique de cuisine; j'ôterais ce badigeon jaunâtre qui recouvre les pierres et les arêtes des voûtes, je rafraîchirais ces murailles qui semblent suinter l'abandon et la ruine; je supprimerais hardiment ces banales statues de plâtre et de terre cuite, pour remettre en honneur une adorable Madone du XVe siècle, gardée pieusement à une façade de maison du bourg.

Mais je ne serai jamais curé d'Amance !

∴

Au-dessus du village est le grand mont, le *beauvoir* admirable, thabor de Lorraine où il est bon de rester longtemps.

Un calme étrange règne sur ces hauteurs, nul bruit ne traverse la solitude; c'est la sensation profonde du désert et du vide.

Là-haut cependant, des horizons immenses se déploient: la terre de Lorraine est là, toute, avec les Vosges aux multiples déchiquetures, ses plaines, ses collines, ses villages et ses cités, depuis Metz à la tour élancée jusqu'au tréfonds des vallées de la Seille et de la Sarre, depuis le trapèze fortifié du Saint-Michel jusqu'aux Argonnes, depuis les côtes du Madon et du Sânon jusqu'aux lointaines montées de Bayon, Charmes, Epinal.

A des lieues, le soleil allume une bourgade, éclaire des vallées, embrase des cités, tandis que dans l'ombre qui s'étend, apparaissent nettement la forêt et l'étang de

Brin — où se noya mon pauvre ami Bérot — le cours sinueux de la Seille poissonneuse et les côtes de Vic, de Delme et du pays salin.

Amance reste, avec le plateau de Sion-Vaudémont, l'une des vues panoramiques les plus merveilleuses de toute la Lorraine; quand la brume disparaît, le décor se précise en tous ses détails, et l'observateur ravi voit se dérouler de tous côtés la carte en relief d'un prodigieux terroir.

Mousson, Prény, Saint-Nicolas, Sion, les côtes de Toul, les forts et les bois, les côtes à vins et les croupes chauves, tout est là... cependant que bien loin, une fine aiguille dentelée pointe dans le brasillement du ciel, une fine aiguille qui domine un colosse... la cathédrale de Metz... cependant qu'en avant fument les deux volcans de Jarville, cônes de cendres qu'on dirait en éruption... cependant, que plus en avant encore, les deux tours massives de Saint-Nicolas se haussent, se haussent tant qu'elles peuvent, pour envoyer le salut fraternel des Lorrains à l'autre, là-bas, la tour de Metz qui n'est plus à nous.

Redescendant vers Amance, vers le vallon si ravissant de Bouxières-aux-Chênes, Ecuelle et Moulins, j'aperçois des enfants en vacances qui jouent à la petite école et qui disent des naïvetés où revit la tradition ancestrale, où l'on peut saisir sur le vif l'atavisme lorrain.

A une question d'histoire sainte posée par une maîtresse improvisée : « Sous quel arbre Suzanne avait-elle péché, au dire des deux vieillards ? » un méchant gamin, dont le nez pleure deux longues *chandelles*, répond sans hésiter : « Sous un *quoichelier !* »

Je crois bien... c'est la saison tant aimée, où par les longues après-midi d'août, les enfants de nos villages s'en vont à la rapine, sous les *quoicheliers* et les mirabelliers, chargés à glane cette année.

Le Siège d'Amance

« Ut viderem gloriam virtutis tuæ ! »

Les années prochaines — si nous y sommes — nous aurons à faire aux jours de Toussaint bien des pèlerinages touchants et d'infinie gratitude !

Nous irons à Crévic et à Courbesseaux, à Champenoux et à Vitrimont, à Frescaty et à Rozelieures, partout où sont tombés ceux des nôtres qui ont versé leur sang pour la France.

Mais une pieuse excursion s'imposera avant toute autre : le pèlerinage d'Amance, vers les tombes si nombreuses des glorieux défenseurs du Grand-Couronné de Nancy.

Amance ! mont désormais sacré à nos cœurs. Héroïque bastion de notre Lorraine, qui fut le centre de la résistance et qui vit se réaliser des prodiges inouïs de bravoure française !

Amance ! que les Nancéiens se plaisaient à visiter à des jours, depuis Laitre et Dommartemont, depuis Boutengrogne et Velaine, jusqu'au sommet du Grand-Mont qui garde, ensevelies, les ruines du château-fort de nos premiers ducs de Lorraine !

Amance ! d'où l'on aperçoit quasiment toute notre terre de Lorraine, depuis Metz à la fière cathédrale, Prény et Pont-à-Mousson, jusqu'aux forteresses inexpugnables de Toul et jusqu'à cette ligne bleue des Vosges, dont les deux versants seront bientôt redevenus français !

Amance ! qui vit un jour des siècles révolus, un évêque de Metz, prisonnier des Lorrains, pieds nus et en simple chemise, par un froid très rigoureux, conduit jusqu'à Nancy par des hommes d'armes pour avoir voulu attenter à l'intégrité de notre pays !

Amance ! qui fut depuis plus de mille ans comme le rempart géant de notre terre, qui subit tant de sièges et tant d'assauts, jusqu'à cette merveilleuse épopée d'août 1914 que nos historiens futurs voudront chanter sans jamais pouvoir en épuiser le sujet.

Hier, Amance démantelée, avec seulement des levées de terre et des fortifications hâtives, soutint le choc et brisa l'effort géant des Teutons voulant détruire et saccager Nancy.

* * *

Pourtant, jadis, Amance assiégée n'avait pu sauver le petit Nancy de 1218 qu'avaient brûlé des Allemands farouches... ils l'ont toujours été.

Ces Allemands du XIIIe siècle s'en étaient venus avec leur empereur Frédéric II, et, devant eux, la noblesse de Lorraine avait fui, abandonnant notre duc Thiébault Ier à son malheureux sort.

Avec une poignée de fidèles, le duc s'était alors enfermé dans sa forteresse d'Amance, aux tours géantes, aux murs épais, et qu'on jugeait inexpugnable alors.

Les Allemands en firent le siège suivant les règles, appelant à leur aide d'autres bons larrons, le duc de Bourgogne, le duc de Bar et certaine comtesse de Champagne, Blanche de Navarre, trop heureux d'arrondir leurs Etats au détriment du pauvre Thiébault.

Et ce qui devait arriver, arriva.

Malgré la plus héroïque défense, Amance capitula.

Alors il se passa des scènes atroces. La petite cité de Nancy fut brûlée entièrement; les Allemands n'y laissèrent pas pierre sur pierre; la garnison d'Amance fut passée au fil de l'épée; on n'épargna ni les femmes, ni les prêtres, ni les enfants (voyez... ils recommencent aujourd'hui !)

et le duc de Lorraine fut enfermé piteusement dans une tour, qui longtemps porta le nom de Tour au duc Thiébault.

Les Allemands entrèrent dans Amance, y installèrent leurs soudards et dictèrent leurs lois à nos ancêtres... pour peu de temps heureusement.

Sur les ruines fumantes de sa capitale, Thiébault reconstruisit un nouveau Nancy, et, dès qu'il fut libre, il chassa les Bourguignons, chassa les Allemands et rendit à nos alérions leur gloire et la liberté à nos pères.

⁂

Tels furent, à tant d'années d'intervalle (1218-1914) les deux sièges, les deux assauts de la Colline Sacrée d'Amance, si chère désormais à tous les cœurs lorrains !

Et quand un jour, face à Metz et à Mousson, face au Mont Saint-Michel de Toul et au Donon vosgien, nous dresserons là-haut, au sommet du Grand-Mont d'Amance, un Monument de Souvenir à nos glorieux morts, nous pourrons y graver la célèbre devise de Nancy, si bien appropriée au Promontoire de la Défense : *Non Inultus Premor !*

Ce jour-là, les soldats du Grand-Couronné ont écrit aux Fastes de notre Lorraine l'une des plus belles pages de l'Histoire de France.

A ceux qui sont morts, nous disons tous Merci et nous saluons pieusement leur Mémoire !

Per fidem vicerunt !

Sur la Pelouse de Bouxières

Le roi Pausole rendait la justice sous un cerisier, parce que, disait-il, cet arbre-là donne de l'ombre autant qu'un autre et garde, sur le chêne séculaire, l'avantage de porter des fruits fort agréables en été.

Je gage que si ce bon roi avait connu la Lorraine, et qu'il s'en fût venu sur sa chère mule Macarie au pays de Ferry le Bel et de René le Magnifique, il aurait assurément choisi le mirabellier pour y rendre ses bénins arrêts.

D'autant que la mirabelle de Lorraine l'emporte de beaucoup sur la cerise et qu'elle vous a un parfum exquis!.. Demandez-le plutôt à la côte de Bouxières, qui embaume depuis quinze jours et qui reste un Eden, promis aux sages autant qu'aux amoureux.

∴

Des véhicules de tous genres mènent à Bouxières par Champigneulles.

Mais le moteur le plus agréable et le plus sûr, c'est encore le moteur à deux roues de notre père Adam, les bonnes jambes de *cerffe*, comme disait ma mère-grand, les jambes qui s'en vont, à l'aventure, « la canne à la main et le chapeau sur l'oreille », le long de la route, ou mieux par les chemins ombreux du canal, aux nonchalantes courbures regardant les prés et la rivière de Meurthe.

Des prêles poussent sur ces talus avec des salicornes, et des amoncellements de briques mal cuites font songer à ces cités mortes d'Orient que les savants français découvrent sous les sables au pays d'Assur.

Champigneulles est quelconque, faubourg de ville au val fleuri, avec les frondaisons de ses parcs immenses, avec sa haute église banale et froide, avec sa chapelle des Trois-Colas, qui rappelle la grande victoire de Charles II de Lorraine en 1407 sur les confédérés de Louis d'Orléans, Bar, Verdun, Salm et Nassau.

A un contrefort de cette église, il y a une pierre engravée qui redit le souvenir « d'honneste hôme Jean, l'homme de bien, en son vivant maréchal et canonnier en l'artiglerie de Son Altesse à Nancy, qui décéda l'an 1557 ».

Il y a longtemps qu'il a perdu son flair d'artilleur, ce brave Jean de Champigneulles... et s'il revenait aujourd'hui, on lui ferait une fameuse théorie, au parc Lattier de Frouard, sur la manœuvre des canons modernes, le 75 ou le 120.

La route s'en va vers Bouxières, droite et bordée de beaux arbres. Il y a là un cocher de bonne maison, rasé comme l'opposé de la face d'un singe, et dont le profil simiesque excite les lazzis des ouvriers des usines voisines.

Une belle se prélasse sur le siège, à ses côtés, une chambrière, ramenée de Nancy pour le temps des vacances, où il y a du monde au château.

Et ils vont, ils vont, le profil de singe et la rieuse caméristo, ils vont sur la route poudreuse, au risque de « quibouler dans la berme », ou d'aller boire un bon coup dans la rivière, toute proche.

⁂

Cette Meurthe qui vient d'avaler le filet clair de l'Amezule, s'en va toute noire au milieu des *loudeaux* et des herbages. On dirait qu'elle a peur de passer sous le pont de Bouxières, le pont reconstruit en 1603 sur l'emplacement d'arches en bois qui virent le désastre et le massacre des Bourguignons, au soir du 5 janvier 1477.

Elle a peur de passer, la Meurthe... il y a de quoi, allez !

Là se tenait un traître, l'Italien Campobasso, qui avait

déserté l'armée de Charles le Téméraire, et qui attendait l'issue de la bataille de Nancy. On sait le reste : la chevauchée vers la mort des Bourguignons échappés aux Suisses et aux Lorrains, le pont de Bouxières fermé et occupé par les gens de l'Italien et... le trépas funeste des guerriers par le fer ou dans les flots.

Aucun monument, aucune pierre de souvenir ne rappelle plus ce carnage affreux près du pont de Bouxières... les siècles ont passé, mais la Meurthe se souvient, elle, et ses rives ne fleurissent plus, et, sous les arbres séculaires, il y a comme un *lamento* des âmes, des âmes des preux qui sont morts, traîtreusement occis au soir de la défaite.

Naguère, ces abords de la rivière étaient calmes et paisibles... des saules agitaient leurs feuilles cendrées, et de hauts peupliers se miraient dans les eaux.

Mais on a construit de toutes parts... un nouveau Bouxières, banal et faubourien, s'étend jusqu'à la première grimpée du mont, au délicieux tournant qui nous ramène au passé, au temps fini pour jamais, où les pieds mignons des nonnettes, chanoinesses et dames nièces, osaient escalader les sentiers abrupts de la sainte colline.

Et vraiment, je comprends pourquoi « ces dames » ont voulu descendre une bonne fois et se fixer dedans Nancy; la montée était trop pénible, et les vents coulis étaient trop barbares là-haut pour les gorges délicates et les poumons de satin de ces religieuses en *simili*, aux seize quartiers de noblesse.

La grimpée de Bouxières se peut faire par divers chemins : à droite, par le château neuf de Frawenberg, un cube énorme tapi dans la verdure; — au centre, par la venelle mystérieuse où « tante Juliette » accédait à son manoir, à sa bibliothèque dont les incunables font loucher les bouquinistes, dont les éditions in-folio des *Contes* de La Fontaine et des *Métamorphoses* d'Ovide, reliées en maroquin vert, feraient les délices des amateurs d'estampes et d'eaux-fortes; — à gauche enfin, par le raidillon caillouteux ou par la route tournante qui mène à Faulx et à l'humble chapelle des champs que Fiacre Marrey et Simonette, sa femme, ont fondée vers 1552.

En bas du mont, l'église neuve et coquette a recueilli les souvenirs de l'abbatiale de là-haut, des tableaux et des reliques, des portraits, voire l'antique statue de Notre-Dame de Bouxières, et l'anneau d'or des fiançailles mystiques d'une abbesse de céans, Reine Madame d'Eltz-Ottange.

Les maisons de Bouxières, du vieux Bouxières qui a vécu sous l'anneau et la crosse des femmes claustrées, s'en vont tout de guingois, accrochées aux flancs du mont en d'invraisemblables postures, et portant, pour beaucoup, leur acte de naissance, des dates qui font rêver du seizième et du dix-septième siècle, avec des niches, des ogives, des trèfles, des sculptures naïves, des trumeaux bizarres, des croisillons de la Renaissance, etc.

Sur des placettes grandes comme un mouchoir de poche, il y a deux ou trois arbres secoués par les vents, qui soufflent toujours sur ce coteau; il y a des puits aux margelles tout usées, des puits qui en ont vu des *baisselles* en bavolet ou en jupes de droguet, qui en ont entendu des *couarails* et des *diries* de tout genre, et qui, les bons puits, laissent toujours aller et monter leur belle eau claire et fraîche.

Les rues du haut Bouxières ne sont pas des rues, pas même des ruelles... ce sont des chemins extraordinaires, tout empierrés, avec des angles qui rentrent, qui sortent, qui montent et qui descendent, avec des escaliers partout, d'énormes trappes de caves, des larmiers à fleur de terre, des contreforts puissants qui empêchent les maisons de *quibouler* et de s'en aller « les quat' fers en l'air » sur les gens du tout en bas.

Vue de la route, cette *ville* de Bouxières, agrippée à sa montagne, apparaît comme une cité d'Orient, toute blanche sous le soleil d'été. Il y a des murs qui tiennent comme par miracle; il y a des terrasses faites de pierres sèches avec des trous « pour y passer un homme »; il y a des marches tout usées, qui, en hiver, sont tout *gelisses* et vous conduiraient rapidement au pied du village.

Saint Gauzelin de Toul est tout pour Bouxières-aux-Dames; il en est le fondateur et le patron; il y est resté le personnage populaire entre tous — comme quelqu'un qu'on a toujours connu, allez; — sa vie, ses miracles, ses légendes, les souvenirs de son passage et de sa mort, toutes ces choses du Xe siècle, le siècle de fer, ramènent le visiteur à l'époque lointaine où la côte de Buxerre-aux-Nonnains était encore la forêt vierge d'Austrasie, peuplée de cerfs et d'aurochs.

Sous le vocable de sainte Marie du Mont, Gauzelin y bâtit une église, y fonda un monastère, vers 935.

Disparue l'église romane, finie l'abbaye, mortes les dames nobles et leur chapitre, à jamais enfouies dans la poussière des ruines amoncelées autour de la pelouse populaire.

Il n'y a plus grand'chose des superbes bâtiments d'autrefois : quelques chapiteaux de l'abbatiale, des croisées d'ogive, des fleurons et des sculptures, des retraits mystérieux et obscurs, voire la crypte sacrée où fut inhumé saint Gauzelin, l'évêque toulois.

Et cette crypte est devenue cellier pour les fruits et cave profonde pour les vins de la colline. Les vieux souvenirs s'en sont allés, tous ou à peu près, même le célèbre Muet de saint Gauzelin, même les Archives des Dames qui dénombraient leurs richesses et les redevances annuelles de leurs vassaux.

Voici maintenant l'ultime grimpette du mont... et c'est aussitôt la pelouse de l'abbaye, avec ses huit allées en étoile, avec son grand contour de vieux arbres, la pelouse où devisaient jadis les gentes chanoinesses, réunies en ce lieu de spaciement, « séminaire de filles nobles à marier », comme l'écrivait spirituellement le cardinal Mathieu; la pelouse de Bouxières, déserte aujourd'hui, promenade idéale entre toutes, et qui se peuple tous les dimanches d'une heureuse et folâtre jeunesse.

Et de cette pelouse de Bouxières, *beauvoir* lorrain où il ferait bon vivre des semaines et des mois, la vue s'étend, s'étend merveilleuse de trois côtés.

C'est le val de Meurthe, enfilé de nord au sud, avec les trois grandes courbes de la rivière; c'est Nancy qui apparait tout en longueur, entre les coteaux boisés de Malzéville et de Champigneulles, premiers plans très rapprochés et comme noyés dans les fumées des hauts-fourneaux.

C'est, d'autre part, le confluent des deux eaux, Moselle et Meurthe, le fort de Frouard et Clévant, tout un monde d'industries variées; et puis, par revers mont, le creux des mines, le vallon d'Amezule, les croupes dénudées du plateau de Malzéville, le Pain-de-Sucre très aigu, la rentrée de Lay-Saint-Christophe, et la chevelure sombre du Petit-Mont d'Amance.

Sur la pelouse, une femme passe, qui s'en va au bois, au joli bois de la Falizière, menant paître deux chèvres blanches aux traînantes mamelles, suivies d'un *biquit* pareillement blanchot, et qu'on appelle : « venez, ma reine, venez, ma *pubelle* ! »

Celui qui est une « reine », chevreau capricieux aux gentilles petites cornes, laisse fuir, sous les arbres séculaires des nonnes, des chapelets de dragées noires aux fortes senteurs.

C'est un charme inexprimable d'errer solitaire sur cette pelouse qui sait tant de choses... mais l'heure tourne, et en suivant le petit *biquit* vers la forêt qui penche, je veux aller boire à la fontaine, à la source d'eau vive qui coule au milieu des ronciers.

A droite, vers le ruisseau de Chavenois, il y a des vergers et des champs, pleins de pommes de terre, des champs qui montent jusqu'au bois voisin, des champs où, par ce beau soleil d'août, on voit courir les poules et les coqs aux plumes étincelantes.

Lentement, puisque j'ai « le temps grand », lentement

je vais ainsi, écoutant le chant des oiseaux à travers les branches, et les stridulations des grillons dans l'herbe rare.

Sur tout cela, dans ce vallon qui semble si perdu et si loin, il y a du soleil qui flamboie, du soleil qui dore les feuilles et les fruits, les coteaux aux gerbes ôtées et la masse profonde des grands bois lorrains.

A un tournant de chemin, en des chaumes rocailleux qui dévalent, il y a des vaches qui broutent l'herbe courte et les fleurettes éparses, des vaches qui vous regardent passer, de leurs bons gros yeux humides... cependant que les jeunes *marcarls* restent là, écoutant l'un d'eux, une espèce de grand *trinsé*, raconter des histoires de brigands.

.˙.

Le chemin tourne encore, le chemin du vallon solitaire et qui embaume... et c'est l'Eden promis à mes désirs de paix et de reposée bienfaisante.

Il y a là comme un cirque de verdure, aux gradins étagés, une dépression du sol dans le vaste plateau qui sépare l'Amezule de la Meurthe et de la Mauchère.

Autour, opulente et radieuse couronne, de hautes futaies, des arbres verts, des sapins et des hêtraies, des taillis plus bas, où tendrement, deux ramiers roucoulent.

Et, par un sentier qui serpente, un sentier que bordent des pierres moussues, des arbustes et des fleurs champêtres, on descend au fond de la vallée minuscule, bercé par la brise du soir, déjà levée et par la coulée d'un ruisselet sur les roches garnies de cresson.

La source est là, ou plutôt les sources, claires et limpides, sortant de dessous les pierres, entre des arbrisseaux, des groseilles et des mûres toutes rouges.

Et c'est d'un froid qui vous glace, cette eau du rocher lorrain, qui s'en va, coulant rapide, former le ruisseau, l'humble rupt de la vallée, cueillant à son tour les suintements des pierres et des prés, toutes les eaux prisonnières et qui veulent encore sortir, malgré la sécheresse de l'août.

Sur deux grosses dalles qui forment un pont rustique, on franchit le ruisselet, où viennent boire à gorgées si menues, les pinsons et les chardonnerets... et c'est la prairie verte qui étale son tapis somptueux et chatoyant, la prairie des ancêtres qui vient mourir à la forêt du bas, devant la maison grise au toit rouge, qui fume en cette soirée pour le souper des gens.

Maison grise au toit rouge, à l'auvent très large, à la grange profonde et noire... maison perdue en ce pays désert, entre les pommiers aux fruits mûrs, les prés verts et les forêts qui surplombent de tout partout !

Et qu'il fait bon, là — mon Dieu, qu'il fait donc bon ! — sur le banc de bois usé, sur les troncs d'arbres couchés, qu'il fait bon respirer l'air pur du pays lorrain, boire du soleil et de la lumière, s'enivrer des senteurs champêtres, se régaler l'œil de couleurs variées et si douces, et rester là, des heures, à causer ou à ne rien dire... à penser que ces choses sont si belles et que la nature est si bonne !

Rester là, oui, dans le grand silence du jour finissant, rester là, à entendre la chanson de la terre, le bruisselis des feuilles, les cris des oiseaux, à écouter monter la vie des choses et à revivre ainsi dans la tradition, avec les vieux Lorrains endormis qui ont vu tout cela, qui ont cultivé ces champs, défriché ces bois, remué ces pierres et fécondé ce coin de chez nous, avec les vieux Lorrains, nos pères, dont l'âme, je le crois, revient, à des heures, pour nous dire :

« N'est-ce pas que c'est beau, n'est-ce pas que c'est bon de vivre ainsi dans la paix, dans le travail et dans le bonheur ! »

Petites âmes des vieux endormis, souffles légers des nonnettes envolées, cœurs admirables de nos mères-grands disparues, oui, vous avez raison : pour vivre heureux, vivons cachés, loin du trouble et loin du bruit, dans un vallon solitaire ou sur le thabor de Bouxières, séjour de paix et de bonheur.

Au Berceau de Charlemagne

L'an passé, quand il s'enlisait dans un champ de pommes de terre, à l'extrême nord du plateau de Malzéville, un aviateur allemand songeait-il qu'il se trouvait juste en face du berceau des rois de France carolingiens, des empereurs d'Allemagne et d'Autriche, des maisons de Lorraine, de Saxe, de Bavière et de Bade ?

C'est peu probable, et, comme dit l'autre, il avait bien peu de chiens à fouetter pour suivre le vol audacieux des Leblanc, des Aubrun, des Legagneux, traversant alors, à pleines envolées triomphales, les anciens territoires des évêchés de Metz, Toul et Verdun.

⁂

Invité par l'aimable successeur de Dom Calmet au vieux prieuré de Lay, accueilli plus aimablement encore par les nouvelles dames Ode et Dode, je suis retourné à Lay-Saint-Christophe, pour voir ce qui fut jadis le château-fort des sires du Chaumontois, le prieuré d'Eve et d'Odelric, la maison si hospitalière des Bénédictins et maintenant la retraite paisible et fleurie d'un habile financier de Lorraine.

La montée est rude pour atteindre la Haute-Lay et la tour historique où naquit Arnulphe, le saint évêque de Metz, le grand leude des rois d'Austrasie, l'aïeul de Charlemagne et de sa fière lignée.

Chemin faisant, sous les frondaisons des beaux parcs, en entendant couler les eaux vives qui descendent à flots pressés vers le délicieux vallon de l'Amezule, nous essayons de revivre un peu les temps d'autrefois, les époques lointaines où la terre de Laïum était un franc alleu, appartenant aux comtes du Chaumontois, se proclamant hautement sires d'Amance, princes de Lay, ducs de Scarpone et de Dieulouard, ducs et princes de Nancy et comtes forestiers.

L'un de ces puissants seigneurs, Hugues, étant mort en 946, sa veuve, la comtesse Eve et son fils Odelric, navrés du calamiteux trépas d'un fils et d'un frère au val de Saint-Barthelémy, près de Champigneulles, résolurent de faire une belle œuvre de miséricorde.

En l'année 950 — il y a longtemps — Eve abandonna son château de Lay-Saint-Christophe et toutes ses dépendances et en fit don à la célèbre abbaye Saint-Arnould de Metz pour y installer une demeure hospitalière en faveur des pauvres et des étrangers.

Eve pourtant se réserva l'usufruit de sa donation; mais son fils Odelric, devenu majeur, la ratifia à son tour et la fit approuver par le roi Othon Ier.

Et voilà comment, de 950 à 1793, les moines furent maîtres et seigneurs de tout le ban de Lay-Saint-Christophe, près Nancy.

Les textes sont curieux. Ecoutez ces vieux grimoires qui disent tant de choses :

Et d'abord la donation, en souvenir d'Hugues et de son fils enterrés à l'abbaye de saint Arnould de Metz : « Eve donne la ville et le château de Lay que le comte Hugues lui avait octroyés pour douaire, avec l'église et tout ce qui était aux alentours, en ces lieux mêmes où le très précieux confesseur et apostolique prélat saint Arnould avait pris le commencement de sa nativité et de sa vie présente. »

Et l'emprise du terroir comme elle était solennelle : « Le ban de Lay est à Dieu et à saint Arnould et à M. le prieur de Lay, et sied ledit ban entre quatre montagnes, la première est Mohymont où nul ne peut aller ni au sec ni au vert; la deuxième est Ortellemont; la troisième Flamémont; la quatrième est Hoy, jusqu'aux portes de Liverdun, 15 pieds dans l'eau et jusqu'au chêne Pollon, jusqu'à la Belle-Borne, jusqu'au troupeau derrière Clairlieu et jusqu'à la bouche de Chenifosse.

« Ces montagnes sont à Dieu, à saint Arnould et à M. le prieur de Lay-Saint-Christophe. »

*
* *

C'était donc un bien grand seigneur terrien que ce prieur de Lay, qui résidait à son gré dans le magnifique monastère du haut du mont, entre les reliques de saint Arnould et de saint Cloud, son fils, respirant le grand air vivifiant des vallées de la Lorraine, Amezule et Meurthe, et commandant à toute une armée de manants et de serfs de la glèbe dont les servitudes étaient en effet très dures et très nombreuses.

Car voici ce qu'on m'a raconté, là-haut, sur la terrasse splendide du vieux prieuré, devenu parterre de fleurs rares, où l'on peut deviser du passé à son aise et dire son mot en pleine indépendance sur toutes choses et toutes gens.

Les prieurs de Lay-Saint-Christophe imposaient à leurs ouailles des corvées qui n'en finissaient pas.

Outre la dîme, outre l'eau de la Bouche de Chenifosse « qui était à M. le prieur pour en faire tout à son plaisir », il y avait la corvée de charrue, la corvée du ban, le jour des charrues au temps des semailles des menus grains, le cerclat, la Saint-Pierre en fenal entrant, le breux (le pré à soyer), amasseurs et amasseresses, le fanage du breux, le ramenage du foing du breux, la corvée du remens, les bans de seiller, la corvée de la seille, la corvée du trémois à seiller, le serment des messiers des vignes, le ban des vendanges.

Des fois, ce n'était pas assez des moines messins; il y avait encore des dames moinesses, comme à Bouxières et à Remiremont, et certaine abbesse de Sainte-Glossinde percevait des redevances qui n'étaient pas à dédaigner : « en tout le ban de Lay, nul ne peut faire ni avoir de troupeau, ni tenir bergerie, que Madame, et les gens doivent tenir leurs bêtes à la corde; toutes reprises d'héritage se doivent faire et mettre par la justice de Madame; tous métiers de ladite Lay se doivent faire par la justice de Madame; Madame y peut et doit faire au dit Lay — s'il lui plait — son four, son moulin, son pressoir. »

Nous sommes loin, très loin de ces temps où l'on vivait, ici sous la crosse, plus loin sous la protection de l'épée et de l'écu armorié des seigneurs.

Etait-ce un bien, était-ce un mal ? Il est assez difficile de se prononcer. Le mieux est de vivre son temps en essayant de faire du bien à ses contemporains.

A Lay-Saint-Christophe, les armoiries des sires du Chaumontois avaient été : « un champ de gueules à trois aigles d'or », de l'or sur du sang... c'est maintenant de l'or sur du vert souriant, couleur de l'espérance.

∴

Nous voici maintenant à la Haute-Lay, parmi des pierres éboulées, des maisons de guingois, un idéal recoin de vieilles bâtisses cent fois démolies, « rarangées et débringuées », rafistolées à la diable avec les débris du prieuré millénaire.

Une théorie de jeunes moines d'opérette (moines d'un jour seulement) nous accueille à l'entrée du prieuré de Saint-Arnould, parmi les frondaisons, au son des clochettes des chèvres qui passent sur le chemin des religieux disparus.

C'est Dom Calmet, le célèbre prieur de Lay de 1715 à 1728, qui ressuscite en ce jour pour nous faire les honneurs de sa maison, ce prieuré où il fit fleurir les études historiques, où il dépensa plus de cent mille livres pour l'embellir, où il mit plus de 3.000 volumes dans la riche bibliothèque conventuelle.

Et le grave historien de notre Lorraine, sorti de son tombeau de Senones, avec Dom Fangé, son neveu et successeur, avec Dom Bernard et Dom Jacques, ses disciples préférés, nous conduit à travers ce prieuré de Lay-Saint-Christophe, presque entièrement reconstitué d'un seul tenant pour la maison des champs d'un véritable patriarche nancéien. « *Filii sui sicut novellœ olivarum in circuitu mensœ suœ.* »

Voici, nous dit le docte abbé, la fontaine miraculeuse de saint Cloud ou Clodulphe, fils de saint Arnould, fontaine qui coule à gros goulots, où venaient boire fréquemment jadis avec tant de confiance les malades et les infirmes de chez nous.

Voici l'emplacement de l'immense basilique priorale, bâtie en 1093 par Antoine de Pavie, le prieur de Lay, religieux de Saint-Arnould de Metz, église superbe à trois nefs consacrée par Pibon, évêque de Toul, grand bénisseur d'églises lorraines de cette époque, à Saint-Nicolas et ailleurs.

Voici l'ancien cimetière des moines, la porte Honufrienne aux fines cannelures donnant sur le cloître; voici l'antique dortoir aux murs très épais, où peut-être dormit saint Bernard revenant de Metz; voici les vestiges de la maison du prieur, quand la noble famille de Lenoncourt, avec Antoine, Claude et Henri, en tenait tous les bénéfices; voici les taques de fonte à la croix engrêlée et voici la tourelle où la tradition, une tradition de près de quinze siècles, place le lieu de naissance du plus illustre enfant de Lay, Arnulphe, le fils de Bodagisle, duc d'Aquitaine et d'Austrasie et de la belle Ode, fille de Gunzo de Souabe.

Arnulphe est devenu le glorieux saint Arnould de Metz, de Remiremont, de Lay-Saint-Christophe, où il naquit en 580.

Il épousa Doda qui lui donna deux fils,Clodulphe, le futur évêque de Metz, et Anchise ou Ancégise, père de Pépin d'Héristal, aïeul de Charles Martel, de Pépin le Bref, de Charlemagne, de cent empereurs et cent rois.

Vous savez la suite... le grand leude Arnulphe, quittant Dode sa femme, élu par acclamations populaires évêque de Metz et venant mourir au Saint Mont, dans les solitudes de Romaric, en 641.

Et puis le prieuré de Lay se développant toujours; les reliques de saint Cloud déposées dans une châsse de bois précieux, revêtue d'or et d'argent, enrichie de pierreries; et puis la dédicace de l'abbatiale avec le miracle des trois pierres tombant des échafaudages sur la foule sans blesser personne; et puis la succession des prieurs : le cardinal de Sainte-Sabine en 1451, un certain moine vagabond, Dom Jacques, intrus, en 1466; le cardinal Jean de Lorraine en 1522, les trois Lenoncourt, Dom Hyacinthe La Faulche, etc.

***

Les cloches ne sonnent plus à l'abbatiale de Pibon, démolie à la Révolution. Sur son emplacement, il y a un verger aux fruits d'or juteux; la fontaine de Saint-Cloud coule toujours, abondante et d'une exquise fraîcheur; le vieux prieuré bénédictin, qui fut au XVIIIe siècle aux Jésuites de Stanislas et aux prêtres de la Mission (de Saint-Vincent-de-Paul) est toujours là, avec ses escaliers, ses baies et ses portes ciselées, ses adorables vieilleries recueillies un peu partout par les actuels propriétaires.

Surtout, voici la tour de Saint-Arnould, avec sa voûte surbaissée des époques lointaines, avec « sa chambre ronde » du XVIIe siècle, avec son dôme élégant aux riches peintures : trophées d'armes, instruments de musique, emblèmes de tout genre, écussons, vues de paysages, etc.

C'est l'ancien oratoire dédié à saint Arnould de Lay.

On y a rassemblé aujourd'hui de précieux souvenirs, des statues religieuses, tout un mobilier qui sent bien le terroir lorrain et que j'inventorie avec moult de plaisir.

Et ce m'est une joie vive de parcourir ce qui fut le Prieuré de Lay-Saint-Christophe, de rechercher les traces d'un glorieux passé, d'essayer de revivre un peu avec tous ces grands personnages et de rappeler ainsi les vieux usages d'autrefois sur cette terrasse merveilleuse où, par un beau soir d'été, il y a 1400 ans, Arnulphe et sa femme Dode devisèrent d'amour et de gloire, pensant peut-être aux destinées grandioses de leur race.

Là aussi s'assit Dom Calmet, grave, absorbé dans ses travaux d'histoire... là aussi, s'assit le bon roi Stanislas avec son père de Menoux... là aussi, aux soirs de nos étés d'aujourd'hui, s'asseoit un financier avisé, préparant l'avenir industriel et commercial du cher pays lorrain.

L'ombre de Marie Stuart

EN LORRAINE

Trois femmes, trois mères et trois reines, de celles qui ont le plus souffert de cette triple auréole de beauté, d'amour et de puissance, sont issues de la race ducale de Lorraine : *Marguerite d'Anjou*, fille de René Ier, l'héroïne de la Guerre des Deux-Roses en Angleterre; *Marie Stuart*, la nièce des Guise, reine de France et d'Ecosse, l'infortunée martyre des haines d'Elisabeth; *Marie-Antoinette*, fille du dernier duc de Lorraine, François, et de la grande Marie-Thérèse, l'une des plus innocentes victimes de la Terreur.

⁂

Hier, par une de ces adorables après-midi de septembre, qu'il fait si bon vivre chez nous, je m'en fus aux lieux tristes et solitaires où Marie Stuart avait quelque peu vécu.

Et c'est le plus délicieux pèlerinage qu'on puisse faire en terre de Lorraine, aux alentours boisés de Nancy, en égrénant pieusement le chapelet des souvenirs d'histoire.

Le chapelet des grands souvenirs du temps passé.

Il commence à Champigneulles, à la chapelle des Trois-Colas, dolente et piteuse, proche la gare, le port, les routes et le canal, où j'invoque la mémoire des soldats morts à la bataille de 1407, en ces plaines de Meurthe, où Charles II de Lorraine vainquit bellement Louis d'Orléans, le duc de Bar et l'évêque de Verdun, où un beau gars du lieu tua sa sœur pour un pain de munition, où je pense à ce fils Arnould, de la comtesse Eve de Lay, qui périt de male mort aux fonds Saint-Barthélemy.

La route suit, droite et blanche, vers Bouxières aux nonnettes enfuies, vers ce pont sur Meurthe qui vit le massacre des Bourguignons au soir du 5 janvier 1477, au-dessus du confluent de l'Amezule.

Nous croyons voir l'Italien Campo-Basso et ses soudards à gages qui sont là, au passage étroit, attendant leur proie et leur riche butin.

Et, dans une course folle, une débandade éperdue, les voilà qui arrivent les soldats du Téméraire, cherchant le salut dans la fuite... quand la mort les guette, implacable.

Et ils succombent, par les armes ou dans les flots glacés de la rivière, et c'en est fait pour jamais de ces troupes vaincreuses... le pont de Bouxières reste aujourd'hui le seul mémorial de leur trépas et la pierre de leur tombeau oublié.

Plus haut, dans les verdures rouillées qui s'agitent faiblement sur l'azur laiteux de septembre lorrain, plus haut, voici le grand Christ miséricord indiquant le sépulcre de saint Gauzelin, la crypte de l'abbaye disparue et l'enclos mystique des vierges nobles, séminaire galant des filles bien nées à marier congrument.

Et sur la pelouse légendaire, la pelouse aux grands arbres qui s'en vont en rais étoilés, nous regardons la vallée, puisqu'aussi bien le soleil luit sur les prés et les bois et que « le temps n'est pas à la débauche ».

Au faîte de la côte de Pimont, on devine les restes du vieux château féodal de Frouard, bâti par Ferri III pour mettre à la raison l'avant-garde des comtes de Bar et le terrible castel de Condé, des évêques de Metz.

Dans les forêts du Ban-des-Roches, au-dessus de Pompey, le voilà dans ses pierrailles, le castel de l'Avant-Garde des seigneurs barrisiens, détruit comme ses voisins par ordre du terrible Richelieu.

Et soudain... des ombres passent à travers la brume légère qui monte de la Falizière... des nonnettes s'enfuient, éperdues... et voici un singulier cortège qui court, bride abattue, d'Amance au château de Condé sur Custine, tra, tra, tra, au grand trot de cent chevaux fourbus.

C'est — petites damettes de Bouxières, descendez vitement votre voile — c'est Messire Conrad Bayer de Boppart, évêque et comte de Metz, ancien régent de Lorraine durant la captivité de René d'Anjou à Dijon, et qui passe, entouré de soldats lorrains, en quel piteux état. Notre-Dame de Bouxières !

Il est là, le fier prélat, « tout cul nu, sans chemise, sans culotte et sans chaussures », et on le conduit prisonnier dans les oubliettes de Condé, où, dix semaines durant, on le laissera tel, pour félonie et crime de trahison.

Ah ! les petites nonnettes de Bouxières ont vu un singulier spectacle, ce soir-là, moins beau, moins solennel assurément que l'arrivée triomphale du roi de France Henri II, en 1552, venant baiser la main de la mère-abbesse avant de s'en aller coucher au château de Condé, et boire de ce vin exquis de Custines, que nos ducs réservaient pour les têtes couronnées !

Après Bouxières et les bois verts du Chanois et du Folisel, après Clévant, qu'on vient de rajeunir en sa monumentale façade, après les vues panoramiques sur Frouard et Pompey, sur les crassiers énormes et sur les inquiétantes fumées des forges, voici la Gueule-d'Enfer, l'île en pointe où la Moselle ardente et claire réussit à rencontrer la Meurthe, calme, paisible et discrètement cachée sous les saulaies de ses rives.

Et le mariage se fait, depuis des siècles et des siècles, le mariage des deux eaux lorraines, filles des Vosges, mariage d'inclination et d'amour dans le cirque merveilleux de Custines, où, plus loin, la Mauchère, rivulet coulant menu, viendra grossir légèrement la Moselle.

Des baisers d'hyménée se font entendre sans fin emmy les roseaux et les saules... c'est le clapotement des eaux, c'est la brise qui faiblit, c'est un zéphyr qui passe au promontoire de la Gueule-d'Enfer, au cap Finisterre de Lorraine, où la Meurthe finit en Moselle.

Et l'horizon se découvre et s'élargit sur un cirque de merveilleuses verdures.

Les collines s'écartent et se rapprochent, tantôt nues, tantôt boisées, croupes puissantes portant vignes et vergers à fruits, et semblant finir dans un goulet qui cache les méandres si gracieux de Marbache, de Millery et d'Autreville.

Ce site de Custines, vu du fleuve ou du mitan du pont de Moselle, est l'un des plus délicieux qui soit aux environs de Nancy.

C'est un Liverdun reposé, avec la joliesse du village où l'industrie n'a rien souillé, où les coteaux vineux s'allongent vers Malleloy et les trois Faulx, avec ce nouveau pain de sucre de Jehaye, si imposant et si fier, avec le Haut-Bois déplumé, avec surtout la Grande-Garenne et les ruines mélancoliques du château de Condé, où l'on brûla André Desbordes, où vécut, petite fille bien sage, l'infortunée Marie Stuart.

⁂

Il doit faire bon vivre en ce village de Custines, allongé sur sa minuscule Mauchère, aux damoiseaux enfuis pour jamais.

Les maisons, les villas y sont élégantes, fleuries, très accueillantes, les *baisselles* toujours belles et sages, les enfants polis, les vieilles gens de facile abord, aux *racontages* sans fin.

Les rues sont claires et proprettes; c'est le vrai village lorrain dans tout son charme, avec sa jolie promenade de Moselle, son château du bas qui est aux Charlot, ses anciennes maisons-fiefs de Duprey, du Merci, de la Bardinière et du Bois.

Custines fut jadis Condatum et Condé, prévôté du Val-des-Faulx, bourgade florissante, célébrée par le savant Barclay pour son commerce et son entrepôt fluvial, et terre d'avant-garde, pointe extrême des évêques de Metz, turbulents et puissants, sur la Lorraine ducale et sur Nancy capitale.

Cela ne pouvait durer... nos ducs, aux âges de la féodalité, guerroyeurs sans trêve, ne pouvaient voir d'un bon œil ce château-fort des évêques de Metz, bâti comme un nid d'aigle au sommet du mont, inaccessible de tous côtés.

Et un jour, René d'Anjou s'en rendit maître et y fit subir lè traitement que l'on sait au fameux Conrad de Boppart.

Monseigneur ! par saint Nicolas, notre patron, votre humaine nature épiscopale en dut bigrement souffrir !

En Custines-sur-Mauchère, outre les maisons blanches et les rues tournantes du bourg, il convient de visiter l'église au chœur gothique, et la suave petite chapelle castrale, dont la porte est un bijou finement ciselé, les colonnettes des merveilles, et l'ensemble une châsse élégante du XVe siècle.

La petite Marie de Lorraine, fille d'une Guise et d'un Stuart, plus d'une fois s'en est venue prier naïvement sous ces arceaux d'ogive, devant cette statue vénérée de saint Léger, qui protège les terriens de male mort. Des petites filles passent, allant aux vignes, à la gaulée des noix fraîches, à la forte *holée* des quoiches vêtues de violet — et portant le deuil de la bonne reine Marie.

Et j'imagine qu'elles furent telles, il y a trois siècles et demi, vers 1550, les pucelles de Custines, qui rondiaient en les cours du château-fort, qui chantaient les chansonnelles d'antan avec la petite Marie, si douce et si bonne, qui s'en allait partir trop tôt « vers le playsant pays de France ».

⁂

Bien au-dessus de Custines, au faîte d'un montet qui plonge abrupt sur la Moselle toute claire, il y a des sapins agités par la brise automnale, il y a, sur le plateau qui dévale, de bonnes gens munies d'un « kâ » et qui arrachent les pommes de terre.

Et tout près de ces gens, dans l'enclos de la sapinière, des murs se dressent, des fossés profonds s'ouvrent, des citernes béent, des souterrains voûtés nous attirent.

C'est tout ce qui reste du célèbre château-fort de Condé, de l'invincible manoir qui fut aux évêques de Metz, aux Salm, aux comtes de Bar, à René d'Anjou et à nos ducs de Lorraine.

C'est triste de la tristesse infinie des ruines et des tombeaux.

Ici, la nature a repris ses droits; les grands arbres se dressent au centre de l'enceinte; les fossés sont remplis d'herbes folles et les murs énormes sont envahis par le lierre et les pariétaires.

A peine un vestige de tours, une porte, une baie qui s'ouvre sous le ciel bleu, un pan de mur lézardé, et des pierriers à n'en plus finir, des blocs qui ont glissé dans les ravins, des fentes bizarres où les sapins disparaissent lentement.

Un soupirail de cave au fond d'un fossé... et des bouffées d'air froid nous arrivent. N'est-ce pas là que furent enfermés Melchior de La Vallée et André Desbordes, accusés de sorcellerie en plein XVIIe siècle ? Un *tumulus* est là, près de l'enceinte; n'est-ce point l'ultime vestige du bûcher des bons serviteurs de la duchesse Nicole, allumé sur la hauteur de Condé par l'inconcevable folie de ce grand fou de Charles IV ?

Et, malgré la splendeur de la forêt, malgré les magnificences du panorama sur la vallée de la Moselle, sur le fleuve d'argent clair, sur Custines et sur Pompey, malgré toutes ces attirances de la belle nature de chez nous, je reste assis, seul, à rêver sur ces blocs qui s'effritent, sur ces pierres taillées qu'on a renversées brutalement et qui dressaient là-haut des murs, des tours, de fiers créneaux.

C'est ici que séjournèrent nos ducs et leurs familles, ici que passa, allant conquérir Metz à la France, ce roi Henri II, qui allait donner pour épouse à son jeune fils François, la petite-nièce de nos Guise, la gracieuse Marie Stuart.

Et c'est ici qu'elle passa les meilleures années de sa triste existence, l'infortunée reine d'Ecosse; c'est ici, qu'ignorante des lâchetés, des fourberies et des compromissions, elle apprit le parler lent de nos ancêtres lorrains; c'est ici qu'elle entendit raconter l'histoire de Jeanne d'Arc, venue un siècle avant pour sauver la patrie française; c'est ici qu'elle invoqua nos saints lorrains, ses ancêtres Sigisbert et Arnulphe, Oda et Doda, et les glorieux thaumaturges Nicolas et Romaric, Mansuy et Gauzelin, Euchaire de Pompey et Clodulphe de Lay-Saint-Christophe.

Marie Stuart a erré, enfant, sur ce plateau de Custines; elle a descendu cette sente fleurie, contemplé ces beaux paysages, cueilli ces mirabelles et ces raisins fiérets, parlé à ces braves gens qui peinaient durement par ces mêmes campagnes.

Quand sa mère ou ses oncles lui racontaient, à l'humble enfant royale, l'histoire troublante de Marguerite d'Anjou, qui vit périr son époux et son fils et qui perdit avec eux le trône d'Angleterre, ou la tragédie cruelle du bûcher de Rouen, ou encore la mort horrible de Brunehaut d'Austrasie, pouvait-elle songer qu'un jour viendrait où son fils tressaillirait dans son sein devant une sanglante épée, où ce même fils, Jacques VI, l'abandonnerait aux fureurs de sa rivale, l'odieuse reine Elisabeth ? Pouvait-elle songer, Marie Stuart, du château de Condé, que, trente ans plus tard, dans un autre château, et dans une salle basse et voûtée comme un sépulcre, le bourreau d'Angleterre ferait tomber sa tête royale, coupable d'avoir résisté à la tyrannie ?

Du château familial de Condé au manoir de Fotheringay, quel chemin parcouru et quelle lamentable destinée !

⁂

Pendant que je relis cette funèbre histoire et ce dernier jour d'une royale condamnée, le silence se fait solennel en les ruines du Condé ducal... c'est comme un défilé d'ombres qui passent pour nous redire que « Celui qui règne dans les cieux est le seul qui puisse donner aux rois, quand il le veut, de grandes et terribles leçons ! »

Et je comprends maintenant, sur ce tertre solitaire où je suis assis, la noble pensée de la duchesse de Pomar d'ériger ici, dans ce bois sacré de notre histoire, une statue en marbre blanc de Marie Stuart. Ç'aurait été une suave apparition parmi les ronciers touffus et les sapins élancés de la butte, et les passants du vallon, en la saluant tous les jours, auraient pu dire à l'étranger étonné :

« — C'est notre petite reine du temps passé, la fille de nos ducs et de nos princes, celle qu'on nous a prise pour en faire une reine de France, puis la maîtresse du pays écossais, puis la pauvre décapitée de Fotheringay. »

La petite reine blanche du vieux château-fort de Condé-sur-Moselle, oh ! comme elle aurait été bien à sa place là-haut, redisant tout bas sa poésie des regrets, endeuillée de mélancolie, comme les colchiques ou veilleuses de nos prairies lorraines :

Adieu, playsant pays de France,
O ma patrie
La plus chérie,
Où s'écoula ma douce enfance,
Adieu, France, adieu, mes beaux jours !

Mais la duchesse de Pomar est morte, et la statue de marbre blanc de l'infortunée Marie Stuart gît, quelque part, au fond d'un atelier de sculpteur, au lieu de se dresser — touchante apparition — au milieu des ruines séculaires de Condé-sur-Moselle.

Dieulouard et Scarpone

I

Grimpant, à travers les pauvres vignes dénudées, le sentier qui mène aux roches de la Madeleine, à la Sainte-Baume de Dieulouard, un vieux terrien du crû, le tendelin de luzerne sur le dos, suivi d'une « begnate » de femme, me dit en se reposant un tout peu près du précipice :

« — N'est-ce pas, que c'est donc beau par ici ! »

Si c'est beau !... que c'en est merveilleux et que j'ose appliquer à ce panorama de notre terre lorraine ces paroles d'allégresse : « *Mel in ore, in aure melos, in corde jubilus*... C'est un miel à la bouche, une mélodie à l'oreille, une vraie jubilation au cœur que de pouvoir le contempler et d'en redire toutes les splendeurs. »

⁂

Tout au sommet de la côte de Cuite, là où les terres du haut se sont affaissées parmi les rochers, il y a comme une légère apparition sur le ciel d'une exquise douceur automnale.

Une forme blanche sautille et disparaît parmi les pampres, les lierres vivaces et les buissons de mûres sauvages qui nous dérobent l'abîme.

C'est une fillette qui danse à côté de sa chèvre, nouvelle Esméralda des champs lorrains, et qui, seulette, égrène les vieux rondeaux de nos mères-grands, cantilènes aux tons vieillis, aux paroles savoureuses d'autrefois.

Elle se sauve et se tait à notre approche. La dryade des rochers de Cuite a fui, nous laissant face à face avec un des plus beaux panoramas de notre pays, plus grandiose encore que les vues admirables prises de Mousson ou de Prény, de la falaise de Millery ou du plateau de Malzéville, du Saint-Michel toulois ou du Léomont de la Diane lunévilloise.

Un rideau se lève... l'impalpable buée grise de nos matins d'octobre, et le soleil rayonne sur cette terre de promission qui apparaît, à des lieues.

Et je tombe en extase devant ce panorama, jamais vu, quasiment insoupçonné. Je redis la parole des voyants antiques : « *Satiabor cum apparuerit gloria tua...* je serai rassasié lorsque toute la gloire de ma Lorraine aura apparu. »

La voilà, cette apothéose de notre pays, dans le nimbe de gaze bleue qui s'étend, s'étend tout autour, soulevé, semble-t-il, par des filets d'or et d'argent, des cercles lumineux qui brillent et vont allumer une forêt, un village, un clocher d'ardoise, des cheminées d'usines... et là-bas, en trois directions opposées : le Mont Saint-Michel au Péril de la Terre, la ligne vaporeuse des Vosges et la statue dorée de Jeanne d'Arc sur la sainte colline de Mousson, regardant fièrement cette autre Pucelle de Lorraine qui fut Metz.

Que c'est beau ! Mon Dieu, que c'est beau !

On resterait là, des heures, à contempler les horizons, à tirer tout à soi, à exalter les choses du présent et les gens du passé.

A nos pieds, tout contre les roches aux perfides crevasses, coule le Chaudrupt, le ruisseau limpide qui sort des bancs de pierre où l'on a bâti le château-fort des évêques de Verdun, tant de fois brûlé et reconstruit.

Voici la vallée de la Moselle attirante, gracieuse, variée à l'infini, avec les méandres du fleuve, les saulaies d'argent de Scarpone, les vertes prairies, les champs qui s'étagent, les vignes et les vergers qui mamelonnent doucement.

Devant, c'est Ville-au-Val et Bezaumont, Marivaux et Loisy, le mont chauve de Sainte-Geneviève avec sa croix Martyriot, les côtes qui se chevauchent et s'en vont vers la Seille, entre les délicieuses vallées de la Natagne et de la Mauchère, deux naïades paisibles et très humbles, arrosant des cantons un peu trop oubliés.

Devant, comme un glorieux Thabor, cachant son front dans les brumes, le mont Toullon nous regarde, géant du pays lorrain qui surveille la frontière et peut compter là-bas les canons entassés dans les forts pour garder Metz depuis quarante ans.

A droite, c'est la tournée du fleuve, dans un cirque de toute beauté, vers Belleville et Marbache. Des cheminées fument au bout du vieux Scarpone, disant les industries modernes; des câbles traversent le vallon aux croupes boisées, et c'est le précieux minerai qui sort des entrailles de la terre, laissant comme de rouges blessures aux flancs de nos coteaux verts.

C'est Pompey et Frouard qu'on devine à la nuée blanche qui couvre un pan du ciel; c'est Nancy qui rougeoie tous les soirs; ce sont, très loin... comme une frange dans la brume qui s'enlève, nos Vosges de rose granit, bornes de France, barrière entre deux civilisations.

A gauche, la coulée des eaux est plus douce, plus reposante encore. La Moselle s'en va lentement, fertilisant ces terroirs aimés, s'approchant de Pont-à-Mousson pour la fendre en deux en caressant les rives des deux quartiers, et puis laissant se mirer dans ses flots les ruines féodales de Mousson et de Prény.

Un point d'or : c'est l'étoile d'espérance, c'est l'épée de Jehanne au-dessus de Mousson; un rayon bleu : c'est la flèche des Prémontrés qui demande assistance contre les vandales du temps présent; des fumées blanches : ce sont les forges de Pont-à-Mousson, les puissantes métallurgies fièrement campées entre Metz et Nancy.

Derrière nous, c'est l'infini du plateau de Haye, les routes fuyant à perte de vue, les champs dépouillés, les villages semés dans ce pays-haut, et tout au fond, décor magique, les côtes de Toul, le puissant Saint-Michel qui vient saluer ses frères du Toullon et de Mousson.

A des soirs, dit-on, sur ce beauvoir miraculeux de la Sainte-Baume de Dieulouard — où je voudrais voir un jour une statue de Jeanne d'Arc — à des soirs, quand les bruits des usines se sont tus dans le val mosellan, on entend les voix de bronze des cloches de Toul, de Metz, de Saint-Nicolas et de Nancy.

Voix de bronze qui chantent Dieu, l'idéal, les traditions de notre Lorraine, la foi, l'espérance, l'amour du pays !

Sur ce Thabor de Dieulouard, l'histoire — en tableaux magnifiques — vient se dérouler et nous séduire.

C'est la grotte enchantée des Druides gaulois, l'habitation des roches souterraines devenue la chapelle miraculeuse de la Vierge en Terre, où Jeanne d'Arc vint prier et clamer la détresse de douce France; — c'est le Chaudrupt qui sourd de la pierre dure, toujours limpide depuis des milliers d'ans; — c'est l'évêque Heimon de Verdun qui passe, premier maître ecclésiastique du comté de Scarpone, abandonné par les Allemands en 997, et qui jette ce cri en bénissant son nouveau fief : *Dieu-le-wart !* Que Dieu le garde, car il est donc moult loin de Verdun, entre les seigneurs batailleurs qui sont à Bar et en Lorraine, à Metz et à Toul.

Et Dieulouard est né de cette garde à Dieu confiée par le fondateur Heimon ! Et un château-fort sort du roc, entre Cuite et Gellamont, ces deux montets, un château dont les ruines nous émeuvent, dont les tours démantelées nous étonnent, dont nous visitons, stupéfaits, les salles, les ateliers monétaires, les hautes chambres aux meurtrières étroites... le tout divisé, partagé, ravagé entre cinquante propriétaires et plus.

C'est aussi, tout près, la côte de Gellamont, où les moines de Montfaucon-en-Argonne apportent les os de Baldéric, fils de Brunehaut, et bâtissent, sur ce tombeau, une superbe collégiale dédiée à saint Laurent.

Le monastère a disparu; la bonne bière qu'y fabriquèrent longtemps les Bénédictins anglais, s'est, pour ainsi dire, « déclanchée » vers la place du Château. Seul, le cercueil de pierre de saint Baudry l'Austrasien est toujours là, dans un coin de la vaste cour, et des enfants s'en servent... pour des choses...

Où sont les glorieux chefs de Dieulouard, ceux qui ont donné tant de lustre à la petite cité verdunoise : Guillaume Giffard avec Heimon, Jean Colin avec Jean Mengin, Colin qui reçut Jeanne d'Arc, Mengin de Chavigny, qui fut chanoine de Saint-Laurent et fondateur de la belle église ogivale de Saint-Sébastien, le joyau de la bourgade ?

Où sont Nicolas Psaulme, Erric de Lorraine, Le Bonnetier de Scarpone, le bon sire Jehan de Dieulouard ?

Ils passent, figures vagues et méconnues des gens du jour, eux qui ont tant fait pour Dieulouard dans les âges révolus !

Où sont les reliques de saint Baldéric, celles de saint Sébastien, le patron ? Où ?

*
* *

Du beauvoir de la Madeleine, nous revenons en Dieulouard par le chemin d'Heimon ou Halmonvaux. Dans un clos, sous un cerisier, des gamins enterrent un chien qu'une automobile vient d'écraser. Les cheminées fument pour la soupe du midi; les rues montantes du lieu sont grasses, trop molles des fumiers, des denrées, des déchets de tout genre.

Un coup de balai quotidien ou tout au moins dominical, et Dieulouard sera la plus charmante, la plus coquette petite ville du pays lorrain, avec ses recoins exquis, ses maisons vieilles aux sculptures étranges, ses souvenirs du temps passé, ses belles boiseries de la collégiale, son ruisseau fameux, son calme et reposant cimetière, où dorment côte à côte le père Gascard à la redingote légendaire, le père Marchal, chevalier du Saint-Sépulcre, bien pacifique et débonnaire, le chanoine Mansuy de Toul, décoré de la Légion d'honneur.

Ce qu'il faut voir maintenant, c'est l'enclos de la Collégiale bénédictine de Saint-Laurent, avec les restes du cloître, le bâtiment central de grande allure, les jardins en Gellamont.

C'est aussi le château-fort des évêques de Verdun, où ces prélats mîtrés et casqués tour à tour, ayant au poing crosse ou épée, tinrent maintes fois des conciles ou des assemblées guerrières, où Dudon fonda la Collégiale, Heimon la bourgade, Thierry-le-Grand le canal des moulins, Richer l'atelier monétaire, Richard de Grandpré l'enceinte fortifiée que les Messins rasèrent en 1113 et 1115, et que Louis XIV démantela une dernière fois en 1660.

C'est, enfin, la très précieuse église de Jean Mengin, l'œuvre belle et délicate, finement amenuisée de sculptures du xve siècle, avec sa grotte mystérieuse de la Vierge en Terre, ses autels romains servant de bénitiers, ses magnifiques boiseries, sa curieuse statue de la Madone du Chevet, jadis dorée et surdorée, ses souvenirs de plus de quatre cents ans... et quels souvenirs, quand ils sont racontés par ces érudits Lorrains que sont les Bussienne et les Clanché !

⁂

Par la rue Porte-Boulot — vous pensez bien qu'il n'y a plus de porte aujourd'hui — nous redescendons vers le Chaudrupt et Hamonvaux, vers le Milonais à la bizarre statue encavée, vers ce qui fut Scarpone, la grand'ville de jadis, morte, abandonnée, vide.

La Madone de pierre dorée nous regarde passer au-dessus de la grotte où les druides de chez nous avaient dressé l'*ara* pour les sacrifices et les eaux lustrales en l'honneur de la Vierge « qui devait enfanter ».

Le soleil se va coucher, là-bas, derrière Cuite et Gellamont, vers le Saint-Michel Tonnant.

Et je pense que ce passé de Dieulouard fut bien grand tout de même, et que ces évêques de Verdun y connurent d'âpres joies de possesseurs et de conquérants.

Et ces vers montent, cantilène berceuse sous la brume qui tombe et éteint par degrés les choses :

« Il faut donner ses yeux, il faut donner son âme,
Ses lèvres et son sang, sa passion, sa flamme,
Tout entier se donner, comme fait le soleil,
Avant d'aller s'éteindre en l'éternel sommeil ! »

Ah ! la belle, la radieuse et inoubliable journée passée au Dieulouard verdunois, en terre de Lorraine !

II

Après plusieurs cirques de verdure entourés de collines boisées, la Moselle débouche tout à coup dans une ample vallée qui va s'élargir de plus en plus, former l'île où fut Scarpone et s'en aller, au loin, jusqu'à Pont-à-Mousson et Pagny aux vins succulents.

Et c'est un paysage gracieux entre tous, d'un pittoresque achevé, que ce vallon célèbre où tout respire la gloire, où les souvenirs historiques abondent, et quels souvenirs !

Ici les Allemands furent vaincus par Jovin, au quatrième siècle de notre ère, après le cruel échec de Dagalaif; ici Constantin — suivant une vieille tradition — aperçut le Labarum flamboyant; ici l'empereur romain érigea un obélisque dans les eaux du fleuve venu des Vosges; ici encore passèrent Léon IX et saint Bernard, Jeanne d'Arc et René II, les puissants évêques de Verdun dressant leur nid d'aigle devant les murs tombés de Scarpone et battant monnaie dans leur retraite inviolable, que pourtant les incendies dévorèrent et que Richelieu fit démanteler plus tard.

Et Dieulouard aujourd'hui, dans son calme de grande bourgade agricole, semble avoir oublié ces souvenirs d'autrefois.

Les gens y sont simples et bons, ayant gardé leurs coutumes séculaires; les rues du bourg, grimpantes et ensoleillées, ont conservé leur aspect d'autrefois et leurs noms si savoureux des terroirs lorrains.

Sur le pas des portes, ils sont là, les gens de Dieulouard, par familles entières, à cueillir le houblon, les clochettes dorées qui sentent si bon et qu'on va faire sécher sur les greniers où il fait si « touf ».

Les enfants sont assis sur de vieux madriers tout déjetés et biscornus, des troncs d'arbre amenés là « de toute éternité » devant les maisons. Et ces *râces* de Dieulouard se noircissent les mains à remplir les corbillons, les charpagnes... car il y a des fêtes en tous les villages d'alentour, et ce sera plaisir d'avoir chacun son petit magot pour monter « sur la carrouselle » ou pour rapporter des berlingots, des bols de faïence et des cannes en sucre d'orge entourées de papier doré.

Près du bourg, en allant vers les champs d'en haut, le nouveau cimetière s'étend parmi les houblonnières, et c'est l'endroit le plus reposant du monde, comparable aux cimetières d'Essey, de Mousson et d'Amance. Une solitude recueillie, où des tombes s'alignent parmi les fleurs, les herbages et les lierres grimpants.

Les clochettes des houblons verts, agitées par une douce brise de septembre, font entendre comme une très gracieuse sonnée sur ces morts qui dorment dans cette bonne terre de Dieulouard, où vraiment Dieu les garde, comme il a gardé les cendres de leurs ancêtres autour des vénérables moûtiers de Saint-Laurent, Saint-Sébastien, Saint-Baldéric, comme il a gardé, dans le sol de chez nous, les ossements des gens de Scarpone, des Gallo-Romains des âges disparus, et les os gigantesques des Alamans du quatrième siècle.

***

Dans une hôtellerie bordée par le ruisseau du Chaudrupt, qui sort de la roche vive au pied de l'énorme château-fort, il y a un voyageur en costume d'auto, et qui plonge le nez dans une bonne soupe au lard.

C'est un illustre écrivain qui visite la Lorraine, mais qui n'a pas même un regard pour ces ruines géantes du château, pour l'église adorable de Jean Mengin, pour les restes de l'obélisque impérial et pour la plaine où fut la grand'ville de Scarpone.

Et sans doute qu'il prend en pitié ces piétons poussiéreux qui arrivent par le chemin de Nancy en pèlerinage à Scarpone, au champ de bataille où furent vaincus les Alamans et à la Vierge en Terre, à cette Madone des Grottes celtiques qui a remplacé, aux premiers âges de foi, Rosmerte ou Mercure ou quelque autre divinité gauloise et druidique, taillée dans le creux du rocher.

Nous y sommes venus à ce Dieulouard, Dieulewart ou Dieu le garde des anciens, par le canal et par la route, allant d'enchantements en enchantements, fermant les yeux seulement devant les crassiers des forges et les fumées des puissantes métallurgies.

Et soudain, au delà de Belleville, à la bifurcation du chemin de Toul, on nous montre le lieu de la bataille, l'endroit précis où sous Valentinien Ier, en 366, Jovin battit les Allemands et fit ériger une stèle de pierre à son lieutenant Livanius, mort en héros dans la mêlée.

Là-bas, derrière Mousson, qui monte vers le ciel bleu avec sa statue dorée de Jeanne d'Arc, là-bas, on entend les sourds grondements du canon.

C'est la chevauchée de Guillaume II et de ses bataillons à travers les plaines de « notre Lorraine » ...ici, ce sont les ossements blanchis, les tombeaux, les médailles, les glaives, mélangés à de la terre, face aux prairies silencieuses qui recouvrent les vestiges de Scarpone, la cité leuquoise qui résista aux cinq cent mille soldats d'Attila et fut détruite en 1007, par les Hongrois de Conrad de Germanie.

.*.

Nous voici maintenant en plein cœur de Dieulouard. Le château-fort se dresse, géante muraille à pic au-dessus du bourg. Aux pieds, une eau sourde, limpide, abondante et fumante malgré sa fraîcheur. C'est le Bouillant ou Chaudrupt, le torrent mystérieux issu du granit et coulant jusqu'à la Moselle, donnant un cachet si original au centre de l'antique cité verdunoise.

L'intérieur de la forteresse ressemble à un véritable capharnaüm, depuis les tours rasées et aplaties comme des quiches lorraines, depuis la grosse Madone de l'entrée, le pont-levis hardiment jeté en plein village agricole, le puits qui parle et redit des mots lancés de très haut, les épaisses murailles à l'épreuve des siècles, jusqu'aux citernes, aux curieuses demeures bâties dans les moindres embrasures, les cheminées monumentales et les plafonds du XVIe siècle.

Oh ! le vieux château-fort de Dieulouard avec ses étranges habitants d'aujourd'hui qui vous regardent, narquois, muser dans ces antiquailles !

Comme, dans ces pierriers inépuisables, la pensée se reporte loin dans les âges, comme on sort glacé de ces voûtes épaisses et noires, de ces souterrains aux échos lugubres, de ces caves mystérieuses qui s'enfoncent, très loin, par dessous terre, à travers les blocs de granit de la montagne fouillée.

Ce château prodigieux des évêques de Verdun a vu bien des événements :

C'est Dudon qui l'a construit en 997; c'est Thierry-le-Grand qui réunit en 1080 les eaux du Chaudrupt pour faire tourner un moulin; c'est Richer qui y établit une fabrique de monnaies; c'est Richard de Grandpré qui le voit brûler en 1113 et en 1115 par les turbulents Messins.

Il flambe encore en 1122; on le démolit en 1318, on le saccage en 1483 et en 1560, et finalement Richelieu, puis Louis XIV, le font démanteler, nous laissant, inoffensives, les huit tours qui le défendaient : le Beaujour, la Chapelle, la Harlotte, le Barde, la Nourrie, la Bouverie, l'Entrée et le Refuge.

La muraille d'enceinte est pourtant toujours là, haute et menaçante; solide comme le roc sur lequel elle est assise, elle semble défier le temps et les hommes.

***

Une autre curiosité de Dieulouard, c'est sa belle église du xve siècle, sous le vocable de saint Sébastien, un peu défigurée par un portail Louis XV, mais d'aspect si important, vue de la rue Basse et des bords de la Moselle.

Trois nefs ogivales s'en vont, soutenues par de gros piliers, vers une abside élevée et fort élégante.

Sous le chœur, s'étend la crypte celtique, taillée dans le roc, où, au milieu de décors disparates, trône la Vierge en Terre, la Madone des Grottes, vieille, bénigne et compatissante, avec ses traits réguliers de bonne paysanne lorraine.

Des souvenirs passent, nombreux, dans cette crypte, deux fois millénaire. Les pas des croyants, humbles femmes, mères anxieuses, laboureurs au cœur troublé, n'ont pas usé le pavé du rocher... et il me semble, à travers cette pérennité des oraisons, des coutumes, des supplications, entendre le gémissement de nos ancêtres, depuis les temps lointains où Scarpone fut assiégée par Attila, où les Bénédictins s'établirent à Gellamont avec leur patron saint Romain, où les chanoinesses de Montfaucon-en-Argonne les remplacèrent avec les reliques de saint Baldéric, fils du roi Sigisbert et de Brunehaut d'Austrasie.

De Dieulouard à Scarpone, il n'y a qu'un pas.

Un érudit du lieu — *leucus scarponnensis* — nous montre les ruines de l'obélisque de Constantin dans le lit de la Moselle, la statue du Milonais, le couvent des Bénédictins anglais qui fabriquèrent de l'excellente bière, et nous topographie les cinq portes de Dieulouard, du Pâquis, de Scarpone, de Saint-Laurent, de Saint-Remy et d'Hamonvaux.

Voici Scarpone, l'antique cité gallo-romaine, célèbre par sa population nombreuse et policée, ses riches monuments, ses quais sur la Moselle, ses cinq quartiers : cité leuquoise, forteresse, La Rochotte, le Vieux-Pont et le Champ-le-Jô.

Un seul de ces quartiers occupait environ quinze « journaux de terrain ».

Et nous allons à la « queste » de cette grand-ville gallo-romaine, de ces villas, de ces commerçants des bords de la Moselle.

Il y a bien une route qui traverse l'île de part en part, de Dieulouard vers Bezaumont et Morey; mais où sont les maisons, les édifices, même l'église du père Le Bonnetier, avec son clocher garni de dieux de l'Olympe ?

Voici des prés, voici des champs de betteraves; voici des houblonnières et des sillons où nous recueillons des débris de poteries aux marques romaines.

Les quais ? Le long de la Moselle que nous longeons, silencieux, il y a des pierres, grosses et menues, qui s'en sont allées au cours des âges; il y a de l'eau qui murmure la vanité des choses humaines; il y a, dans les saulaies, des insectes qui s'en vont susurrant la douce chanson de vie.

Mais Scarpone n'est plus... ses ruines mêmes ont disparu.

Des fois seulement, en creusant profondément le sol, les terriens découvrent des monnaies, des bronzes, des inscriptions mutilées, des débris de sculptures romaines.

Nous avons beau chercher, nous faisons vainement le tour de l'île, nous ne voyons plus rien, nous n'entendons plus rien.

C'est la désolation finale des lieux où fut la vie, où plane aujourd'hui la grande mort.

⁂

En Dieulouard maintenant le chaud du jour est tombé. L'eau coule toujours limpide aux pieds du château des comtes-évêques de Verdun; le sourd-muet de la grande cheminée continue à nous faire ses gestes mystérieux; les bêtes vont boire *« à la Bouillant »*; aux étables on trait les vaches laitières; et voici que, sur son chemin de ronde de l'abside, une Madone du XVe siècle, debout au sommet de la haute église, tend son Fils aux gens qui passent, dans un geste d'infinie miséricorde et d'amour !

Dieulouard ! Dieu le garde à jamais, ce fleuron magnifique de la terre de Lorraine.

III

Ce matin-là — c'était en l'année 451 de notre ère — un homme, monté sur un blanc coursier, arrivait à toute bride de Divodurum à la florissante cité de Scarpone, située dans une île et sur les bords de la Moselle, à peu près à moitié chemin entre les deux grandes villes des Médiomatrices et des Leukes, Metz et Toul d'aujourd'hui.

C'était un riche Gallo-Romain, descendant de ces Treviri ayant fait cause commune avec Jules César et les gouverneurs romains des Gaules, et qui exerçait à Metz ou Divodurum une charge importante parmi les immigrés d'alors en la fière cité mosellane.

Attaquée par Attila et les Huns farouches, la ville avait résisté vaillamment — comme elle sut toujours le faire depuis, jusqu'au 26 octobre 1870 — elle avait montré tant d'énergie dans la défense que la terrible armée des envahisseurs de l'Europe avait dû reculer, se dirigeant vers Scarpone, Tullum, Nasium et Troyes avant d'aller se perdre dans les champs catalauniques.

L'homme, épuisé par sa course nocturne, arriva par la porte du Champ-le-Jô, près du coteau abrupt de Gellamont, face aux monticules agrestes de Loisy, Bezaumont, Sainte-Geneviève et Ville-au-Val.

Déjà ces côtes, aux premiers feux du soleil, se couvraient des légions tumultueuses des Barbares aux visages pâles, dont les casaques en peaux de rats semblaient se coller à leurs corps de cavaliers infatigables.

L'homme entra dans la ville de Constantin, pénétra jusqu'à la place d'Armes, la grand'place entourée de monuments superbes, dus à la richesse des habitants et à la munificence des empereurs.

Haletants, impatients de savoir, les Scarponais accoururent.

Et l'homme, Marcus-Antoninus Livanius, fit le récit du siège de Metz : les alertes, les massacres dans les campagnes en ruines, les incendies dans la plaine et sur les montagnes, les violences exercées sur les vierges et les tueries des enfants, les villas saccagées, l'horreur épandue partout, dans les pays d'entre Rhenus, Mosella et Mosa.

Il dit aussi les faiblesses des Barbares, les dissensions entre les chefs, la cruauté froide d'Attila, et comment Scarpone, avec ses épaisses murailles, avec ses vaillants défenseurs, pouvait devenir le boulevard de la Gaule romaine, le salut de la civilisation latine devant les ténèbres de la barbarie ephtalite.

Aussitôt les portes furent fermées, de Gellamont au Champ-le-Jô, et de la Rochotte au Vieux-Pont; et les remparts solides furent garnis de soldats éprouvés.

Attila pouvait venir avec ses hordes frémissantes, Scarpone ne se rendrait pas, et bien haut, dans le cirque admirable de la Moselle, l'obélisque de Constantin le Grand redirait longtemps encore le triomphe de la foi et de la civilisation.

Et Scarpone tint bon durant des semaines et des mois. Attila, par un beau jour, apprenant que les murs de Metz venaient de s'écrouler, leva le siège de Scarpone et s'en alla vers sa destinée.

Il y a de cela bientôt 1500 années.

Gloria victoribus !

***

Hier, par ces journées brûlantes d'un singulier été octobral, je suis allé visiter Scarpone, la grande ville industrielle et commerçante des âges gallo-romains... et guidé par un historien local très averti, j'ai revécu ce passé quasiment deux fois millénaire de la cité disparue, le Pompéï de notre Lorraine, engloutie non pas sous les cendres de nos Vésuves verdoyants, mais sous les cailloux et les sables de la Moselle vosgienne.

Scarpone n'est plus... ses ruines mêmes ont péri. Ce qu'il en reste est bien peu de chose.

Et pourtant elle est bien émouvante, la visite à ces ruines, la descente en ces caves aux murs épais; le tour de ville par les vignes, les pâquis et les houblonnières, laisse un charme mélancolique dans l'âme... et les vestiges de l'obélisque de Constantin le Grand, en pleine rivière, sont toujours un sujet de hautes réflexions philosophiques sur la gloire et le néant des choses humaines.

Avant l'invasion des Allemands de Conrad de Germanie, qui détruisit Scarpone en 1007; avant le passage des

Ogres ou Hongrois, cinquante ans auparavant; avant même Attila et ses hordes hunniques, Scarpone s'étendait bellement sous les rochers abrupts de Gellamont et de la côte de Cuite, le long des rives de la Moselle et jusqu'au milieu de la grande île où des prés, des vallonnements herbus, de vastes houblonnières ont remplacé les remparts, les châteaux-forts, les voies romaines (encore reconnaissables), les villas et les habitations des Gallo-Romains.

Une légende, comme il en est au berceau de toutes les cités nobles, parle ainsi des origines de Scarpone :

Après le siège et la prise de Troie, deux fils de Priam et d'Hécube, échappés au massacre des cinquante fils et des cinquante gendres du roi, seraient venus aux bords de notre Moselle, chercher une autre Ilion, un autre Simoïs.

L'un s'appelait Aurénus, et l'autre Serpanus.

Ce dernier s'arrêta non loin de Mouçon, la forteresse de Jupiter, près de la côte de Cuite, au-dessous même du Dieulouard actuel; il y fonda une ville qui prit son nom, Serpane, ou Charpagne, ou Scarpone.

La cité grandit, franchit la Moselle, s'étendit sous les rochers de Gellamont, vers Loisy et Bezaumont, Hermomont et Sainte-Geneviève.

Attirés par la beauté de cette incomparable vallée, aux sites vraiment merveilleux, par la facilité des communications et surtout par le voisinage d'une redoutable forteresse, nombre de Romains et de Gaulois vinrent se fixer à Scarpone; ils se bâtirent des villas tout autour, jusque sur les flancs des charmantes collines voisines.

Scarpone s'accrut ainsi rapidement en population et en étendue. Ce fut une des villes les plus importantes de notre pays, mentionnées dans l'itinéraire de l'empereur Antonin. Une tradition va même jusqu'à lui attribuer sept lieues de tour.

La civilisation gallo-romaine s'épanouit à son aise dans cette ville considérable. Durant des siècles, comme à Nîmes, à Arles, à Orange, à Lyon, à Vienne, à Metz et à Trèves, à Grand et Solimariaca des Vosges, les lois, les mœurs, la religion, les arts, les plaisirs et les jeux des vainqueurs, leur luxe raffiné, leurs façons de vivre, leurs usages d'Italie, tout fut la joie et la richesse de Scarpone.

Une telle ville n'aurait pas dû mourir. La vie y était si intense; le pays semblait si beau, la terre si fertile, les côtes à vins si productives et les forêts si giboyeuses !

Des barques allaient et venaient sans cesse sur la Moselle, descendant de Trèves et de Metz, voire de la colonie d'Agrippine sur le Rhin et de Confluentes, le Coblentz actuel; elles remontaient le fleuve de chez nous jusqu'à Liberdunum et Tullum, jusqu'aux profondeurs du pays vosgien; elles remontaient la Meurthe à travers les pagi et les villas du Chaumontois et du Vermois, répandant les produits gallo-romains dans les *curtes*, les *mansiones*, les domaines agricoles.

Un jour, jour de gloire, Constantin l'empereur passe à Scarpone, revenant de Trèves, vainqueur de Maxence. Heureux de son triomphe, au bord de la Moselle il fait dresser un obélisque qui redira son nom aux âges futurs, une de ces *pierres levées* dont les Romains étaient coutumiers, couvertes d'inscriptions lapidaires en un style éternel.

Et l'obélisque de Constantin a traversé les âges. Il y a cent ans à peine, il existait toujours, mutilé, mais glorieux et dominateur.

Aujourd'hui, aux basses eaux du fleuve, on peut voir encore les enrochements de ciment romain, qui furent les fondations de cet auguste cénotaphe dédié au Dieu très grand et très bon, avec, au faîte, la croix irradiée du *Labarum* « en forme de roue de carrosse » disent les chroniqueurs d'avant la Révolution.

⁂

Un autre jour, jour de joie patriotique pour Scarpone — qui devait la chèrement expier en 1007 — l'empereur Valentinien apprend à Paris que les Allemands ont envahi les *Marches* de la Gaule romaine, qu'ils ont franchi la Moselle et qu'ils viennent de mettre en déroute tous les généraux envoyés pour les refouler.

Sur les ordres du maître, Dagalaïf accourt pour les repousser. Indécis, troublé, ne sachant que faire (nous en avons connu un pareil en 1870), le général en chef va perdre la bataille et laisser les légions succomber sous le nombre.

Mais le chef de la cavalerie a vu le danger. Une troupe d'Allemands descend des hauteurs de Loisy et de Sainte-Geneviève, se précipitant bride abattue sur Scarpone. Jovin tombe sur ces Barbares à l'improviste, les poursuit, les taille en pièces, les extermine aux portes de notre Dieulouard actuel et en fait un tel carnage qu'aujourd'hui même, en ce *Champ des Alamans*, on retrouve encore des armes, des pièces de monnaie, des ossements gigantesques d'hommes et de chevaux.

La bataille est gagnée sur la rive gauche; mais des masses profondes d'ennemis arrivent par la rive droite de la Moselle. Sans arrêt, Jovin s'en approche, sans être aperçu à travers les forêts. Il fait sonner la charge, se précipite sur ces Germains qui se teignaient la barbe et les cheveux, les pousse, les attaque entre Atton et Loisy et, sur « la Terre Maudite », complète ainsi son triomphe, sauvant la Gaule romaine de l'invasion teutonne.

Plus reconnaissante que notre Lorraine, Reims a gardé la mémoire (avec le tombeau admirable) du glorieux vainqueur que fut Jovin au IVe siècle. Mais l'on cherche vainement à Nancy la rue Jovin; et l'on réclame toujours aux portes de Dieulouard l'humble cénotaphe qui rappellerait à la fois les morts de la bataille, le nom de l'illustre Jovin et la victoire remportée sur les Allemands en terre de Lorraine — avant que fut la Lorraine !

Gloria victoribus !

***

Le soir vient, rapide en ces journées d'octobre.

Après avoir fait le tour de l'île, visité l'emplacement de l'obélisque, du cimetière gallo-romain, de la cité leuquoise, de la forteresse, des quartiers de la Rocholle, du Vieux-Pont et du Champ-le-Jô; après avoir longé la voie romaine coudée, nous revenons aux dernières maisons de Scarpone, au hameau actuel qui porte toujours ce grand nom, au vieux prieuré de l'historien infatigable que fut le père Le Bonnetier, prieuré qui appartient aujourd'hui au Nancéien M. Henrion, l'heureux proconsul scarponais.

Une vigne est là qui « sonne » sous les pas des passants; dans une cour aux pierres usées, il y a un puits étrange aux murs épais; il y a de vieilles statues très effritées de la Madone, de saint Nicolas, du patron saint Georges, seuls vestiges de l'église paroissiale de Scarpone.

C'est tout ce qui reste de la grande ville de Scarpone, avec, au fond d'une cave envahie par les rats, des murs cyclopéens, « le mur des Romains », que les gens disent — des murs qu'on a dû reconstruire au temps des Ogres pour se préserver de leurs invasions, car on y a jeté des briques, des tuiles, des débris de monuments, des cénotaphes, des columbariums entiers, petits édicules avec de si touchantes inscriptions de piété familiale.

Des urnes de verre irisé sont murées dans ces humbles tombeaux... et je songe que là, depuis des siècles, ces pauvres morts gallo-romains n'entendent d'autre bruit que les clapotements de l'eau toute proche, les grignolements des rats et les conversations des rares visiteurs aux vieux remparts de Scarpone.

***

Il n'y a plus rien de Scarpone, rien que des bibelots d'art dans nos musées, chez des collectionneurs, poteries, monnaies romaines, fibules, tombeaux. Le sol est rempli des débris innombrables de cette vie d'autrefois... Quel archéologue fera donc sortir un jour la cité disparue, dont les monuments et les maisons ont servi à bâtir la bourgade voisine de Dieulouard, Dieu le Garde ou Dieulewart des évêques de Verdun ?

La nuit est tout à fait venue sur Scarpone endormie. Et du coin de son lit, au-dessus du mur des Romains, Madame Messin tourne un bouton : la lumière jaillit, blanche, sur ces paysages de mort. Tout près, les usines ronflent, les flammes montent, rougeoyantes; la vie intense reparaît, telle que ne l'ont point connue les Romains, ces hardis précurseurs.

L'humanité suit sa voie, en marche vers l'avenir et le progrès, avec peut-être plus de justice, de vérité et de bonté... je veux toujours l'espérer sans y croire, hélas !

Et Scarpone s'endort, morte, tombeau glorieux des temps à jamais révolus !

***

Et c'est encore un nouvel Attila, avec ses hordes teutonnes aussi barbares — sinon plus — que celles de 451, qui s'est abattu sur notre chère Lorraine de 1914.

Quel sera l'avenir ? quel sort attend ces armées dévastatrices que nos soldats enserrent vigoureusement pour les briser et les anéantir ?

L'histoire est là... qui se renouvelle comme jadis... et demain, nous allons voir sur le ciel de Lorraine luire le nouveau Labarum d'un nouveau Constantin, signe auguste de victoire et d'éclatant triomphe.

Gloria victoribus !

A Mousson

I

Il n'y a pas de colline inspirée... il n'y a que des prophètes, des thaumaturges, des vierges héroïques, des mères de soldats, des hommes de génie, pour être « inspirés » et ressentir du Ciel l'influence secrète et surnaturelle.

Mais il y a des lieux augustes qui sont des sources d'inspiration... il y a des sommets auréolés de gloire.

Sion et Mousson de Lorraine sont de ceux-là !

A côté des verrues morales et des fausses erreurs mystiques qu'on s'est plu récemment à célébrer, alors qu'il convenait d'en oublier jusqu'à la trace parmi nous, il y a aussi les splendeurs de Sion à travers les siècles, les radieuses panathénées lorraines, comme il y a sur Mousson une véritable nuée de gloire qui plane au-dessus de nos sites aimés et de nos paysages mosellans.

Mousson ! la montagne sacrée de Jupiter, la motte de terre fichée par un géant au-dessus du fleuve limpide de Moselle, pour permettre à nos ancêtres de voir plus loin, de bâtir des défenses prodigieuses, des murailles inébranlables et de contempler, là-bas, les contreforts du Toulois, les lointaines forêts de l'Argonne, les plateaux des Woëvres et de la Haye, et, à des jours, la flèche grandiose de la cathédrale de Metz, et que nous avons aperçue, hier encore captive, mais déjà radieuse d'espoir !

Mousson, la sentinelle avancée du pays lorrain, presqu'à la frontière, regardant toujours Prény démantelé, où l'on ne sonne plus Mandeguerre, regardant la Moselle se déroulant en si jolis méandres, regardant, vers le Sud, les lieux où fut Scarpone, où Constantin aperçut peut-être le fameux Labarum, où Jovin défit les Alamans, où le farouche Attila dut reculer devant la bravoure de nos pères !

Mousson ! Colline inspiratrice de vertus solides, de foi patriotique, d'ardeur au travail, de noble franchise, de loyauté foncière, mère des dieux et des hommes, puisque l'on y dressa un temple face au soleil, face à l'immensité de la nature de chez nous... et puisque, à chaque époque, nos ancêtres montèrent là-haut pour retremper leurs énergies, devenir meilleurs et faire le bien partout !

C'est à Mousson que naquit l'Enfant du Miracle; c'est Mousson qui vit les sièges fameux et qui sacra pour l'histoire tant de sires héroïques et tant de nobles dames lorraines !

C'est Mousson qui garde comme un *palladium* millénaire le font baptismal qui régénéra tant d'âmes de guerriers ou de paysans; c'est Mousson qui conserve son puits légendaire aux eaux miraculeuses; et c'est encore sur les flancs de notre colline de Mousson que le terrible Richelieu allait boire à la Fontaine-Rouge, avant de donner l'ordre cruel de démolir le castel féodal dont les ruines nous émeuvent toujours.

Colline inspiratrice ! Oh ! combien, certes !

Qui ne s'est pas senti devenir plus Lorrain parmi ces pierres accumulées, et qui ont une âme ? qui ne s'est senti devenir plus patriote et plus Français, en faisant le tour de ce sommet auguste, à la vue de Metz et de ses forteresses, de Toul et de ses collines animées par en-dedans, et surtout de son belvédère foudroyant : le Saint-Michel au Péril de la Terre ?

Qui, des Mussipontains de notre époque, de ceux-là qui partirent pour les guerres héroïques de la Révolution et pour les fastes de l'épopée napoléonienne, comme aussi de ceux qui sauvèrent l'honneur de la patrie en 1870 et ceux qui combattent aujourd'hui aux alentours... qui n'a pas été inspiré par notre chère, grandiose et sacrée colline de Mousson ?

Un soir de mai 1877, un bruit sinistre se répandit dans Pont-à-Mousson. La cathédrale de Metz tout entière brûlait, et la Mutte, le bourdon vénérable des victoires passées... et des espoirs tenaces, la Mutte allait se fondre dans l'immense brasier.

A quelques-uns, réveillés par nos maîtres, nous quittâmes le séminaire, guidés par les abbés Mathieu, Deblaye et Bérot, pour gravir en hâte la colline de Mousson... et voir plus loin.

Il était plus de minuit. Aucune brise en cette exquise soirée de printemps. On montait, on montait toujours sans oser se parler... rencontrant des Mussipontains qui avaient eu la même pensée que nous : aller voir l'agonie de la chère cathédrale française.

Et soudain, tout en haut de Mousson, ce fut une clameur. Un cri rauque sortit de nos poitrines : « Metz ! Oh ! Metz ! »

Des flammes montaient, hautes et droites sur l'horizon, des flammes qui léchaient la tour élancée sans pouvoir l'atteindre ni la faire écrouler sur Fabert impuissant. C'était toute la toiture de la cathédrale de Metz qui flambait dans la nuit claire de nos printemps lorrains.

***

Spectacle incomparable et terrible à la fois ! Nous restions là, pâles, haletants, sans bouger, lorsque soudain, nous vîmes les flammes s'abaisser, se tordre sur elles-mêmes, en spirales tricolores... et au milieu de ce feu d'artifice, nous crûmes apercevoir ce mot en lettres gigantesques : *Espoir !*

.·.

Le vent se levait matinal, sur les sommets arides de Mousson. A nos pieds, la cité double reposait paisiblement.

Avant de redescendre, nous demandâmes le mot final à la Colline inspiratrice de Mousson qui recommençait à vivre en les tréfonds inviolés de ses flancs.

Et par une fente de la montagne, l'Esprit répondit dans le latin ducal de la Lorraine : « *Et adhuc Spes durat Avorum*... et l'Espérance de nos Ancêtres durera toujours ! »

Mussipontains, allez donc demander en ces jours d'espérance et de deuil à la Colline inspiratrice, si cet « Espoir » ne sera pas bientôt « Réalité » ?

II

De toutes nos villes de Lorraine, Pont-à-Mousson est assurément la plus riante et la plus gaie. (Hélas ! il faut dire *était*... aujourd'hui !)

Nous avons Nancy la Coquette, Lunéville, la fille chérie de Stanislas, Toul la vaillante, Saint-Nicolas la sainte, Vézelise la cachée, Nomeny l'indolente et Thiaucourt la vineuse... mais Pont-à-Mousson l'emporte sur toutes ces cités et bourgades par la grâce de son site, la joliesse de ses monuments, le charme exquis de sa vallée de Moselle.

Le fleuve de Bussang et de Cornimont traverse peut-être des paysages plus grandioses et plus pittoresques... Remiremont, Epinal, Châtel et Liverdun... il n'en est pas de plus calme et de plus reposant, empreint d'une pareille sérénité et d'une telle magnificence.

Salve, magna parens ! Oui, vraiment, la Moselle a fait ici des choses merveilleuses, uniques en notre beau pays de Lorraine que l'on ne saurait trop célébrer... un panorama de délices, un Eden somptueux et paradisiaque.

∴

Les deux villes du Pont, séparées par les flots argentés du fleuve et réunies par le pont légendaire du Moyen-Age, attirent et retiennent longuement le visiteur d'un jour.

Tour à tour on passe, rêveur, à travers les rues désertes du quartier Saint-Laurent, sous les arbres majestueux des boulevards, sur la place du Paradis et près de l'antique poterne, si chère aux escholiers d'autrefois.

Des maisons vous regardent, du haut de leurs baies Renaissance, de leurs arcades trapues de la place Duroc, de toutes leurs sculptures naïves ou quelque peu osées, comme cette demeure fameuse des Sept-Péchés-Capitaux, qu'on nous interdisait jadis de contempler en passant.

Et ces maisons semblent vouloir nous dire des choses, des choses vieilles de trois siècles et plus; elles voudraient raconter leur histoire, parler des gens du temps fini qu'elles ont aimés et connus, parler aussi, les bonnes demeures mussipontaines, des étudiants et des professeurs de l'Université, des Barclay et des Lepois, des Grégoire de Toulouse et des Hordal du Lys, des Abram et des Fronton du Duc, de Layruels et de Pierre Fourier, aussi de ces jeunes cardinaux de Lorraine qu'on faisait moult bellement éduquer et instruire au Pont.

Mais il faudrait *muser* trop longtemps sous les arcades, pour écouter toutes ces *diries* et ces histoires... il faudrait tout entendre et tout voir... et ce ne serait pas l'affaire d'un jour, croyez-le bien !

Pendant que nous faisons à grand'peine la dure ascension de Mousson, nos yeux plongent — à des intervalles de repos — sur ces deux villes du Pont, sur les hautes nefs restaurées de Saint-Laurent où gît, ignoré et obscur, le merveilleux tryptique de Philippe de Gueldres; sur l'immense place Duroc, toujours veuve des statues de Fabvier et du grand-maréchal de la cour de Napoléon; sur le pont millénaire qui a gardé sa beauté et sa majesté d'autrefois, malgré les rajeunissements modernes des ingénieurs utilitaires.

Les deux cités qui furent, l'une aux Lorrains, la seconde aux Messins, apparaissent à nos pieds, comme en un tableau charmant... on les détaille par le menu, depuis la ruelle des Boyaux-Gras jusqu'à la tour de Prague, et depuis Saint-Martin aux ogives flamboyantes jusqu'aux magnificences de l'abbaye des Prémontrés, muée longtemps en maison de science et de piété juvénile.

Voici le collège et ce qui fut la très noble et très glorieuse Université — une cartonnerie, hélas ! qui a défiguré les façades et ôté la patine des âges; et voici, au pied du mont abrupt, voici la Fontaine-Rouge où le cardinal Mathieu allait s'asseoir, le vespéral en main, quand il enseignait l'histoire aux petits paysans de Lorraine.

Songeait-il, à cette époque déjà lointaine, qu'un jour il succéderait, à la Rouge-Fontaine, aux jeunes cardinaux de la célèbre Université mussipontaine, qu'un jour aussi, il revêtirait cette pourpre des rois, qu'un autre cardinal sanglant, le cruel et terrible Richelieu, avait trempée négligemment dans la fontaine salutaire du coteau de Mousson ?

Le souvenir de Richelieu pèse douloureusement sur Mousson démantelé et mélancolique, et il semble qu'entre les trouées des murailles va surgir cette froide et impérieuse figure, cet homme de fer qui brisait tout obstacle : Bassompierre et Charles de Lorraine en surent quelque chose !

Mais non, Richelieu est bien mort; au faîte du mont solitaire, une statue brille, tenant l'épée haute et fière, image de la *Bonne Lorraine* qui nous invite à la grimpée suprême, si raide et si pénible, en nous criant du haut de sa tour trop mièvre : « En avant ! En avant ! Tout est vôtre ! »

.·.

Hélas ! tout n'est plus *nôtre* du sommet de la colline de Mousson.

Sans doute, le panorama qui s'étend de toutes parts est merveilleux et imposant... mais pourquoi tout soudain les mots manquent-ils à nos lèvres, pourquoi vient-il courir sur notre nuque le frisson de l'épouvante et de la douleur ?

Là, tout devant nous... là, plus loin que les forêts sombres qui semblent un voile de deuil jeté sur la terre de chez nous, là, dans le bon terroir de la Seille, il y a une tache énorme sur le ciel bleu, il y a une masse noire dont on distingue nettement les assises, les ogives et les aiguilles pointues, et la flèche hardie... et c'est Metz la Pucelle, Metz la perdue et la morte pour nous, Metz avec sa radieuse cathédrale, avec la ceinture de ses remparts qu'on éventre, avec l'éblouissement de ses maisons blanches, constructions neuves qui brillent au loin, et qu'on pourrait compter du sommet élevé de Mousson.

A droite, à gauche, au fond, en avant, se dressent des monts, des côtes, des monticules dénudés qui sont des forts, les forts redoutables de Metz la perdue.

Du haut de Mousson, isolé sur son thabor de granit — Mousson qui semble un nid d'aigle au seuil de France — on voit les forts de Metz, on voit aussi les forts de Toul, dominés par la masse du Saint-Michel, on voit aussi, perdus dans la brume grisâtre des lointains horizons, les forts de la Meuse et du couronné de Verdun.

Entre tout cela, entre Toul et Metz, ces bastides d'avant-garde, entre Verdun et Nancy, il y a des terres à l'infini, il y a les plateaux qui s'étagent, les masses épandues des bois verdoyants, et les plaines aux fertiles guérets, et les vergers et les vignes qui s'en vont, toutes chargées de raisins mûrs.

Des hauteurs de Mousson, où le vent mugit à travers les murs éventrés, on assiste comme à la revue splendide de la terre de Lorraine, la terre de chez nous.

Les villes sont là, en leurs vallées connues ; les bourgades industrielles apparaissent dans leurs éternelles fumées, aussi les villages, assis au creux des monts, campés au bord des rivières ou debout sur les crêtes, aspirant l'air pur des sommets.

La Moselle, venue de Marbache, serpente lentement et avec une grâce adorable à travers les prairies, entre les saulaies au feuillage frémissant.

Après Scarpone la Romaine, c'est Dieulouard au colossal château-fort des évêques de Verdun, c'est la plaine où Jovin battit les Alamans, où, dit-on, le *Labarum* apparut à Constantin ; c'est la croupe formidable et nue de Sainte-Geneviève avec la pointe aiguë du Martyriot, c'est Jezainville et c'est Blénod en leurs frondaisons touffues, c'est enfin la forêt de Puvenelle aux fontaines alliciantes du Père-Hilarion, des Corbeaux et des Cerfs, promenades ravissantes et trop peu connues chez nous (le Bois-Le-Prêtre de la guerre actuelle).

Plus loin que Pont-à-Mousson, c'est le plateau qui s'en va, entre l'Ache et le Rupt-de-Mad, c'est l'enfilée si pittoresque des villas mussipontaines, accrochées au flanc du coteau boisé ; c'est le cirque magnifique où se repose Norroy, assailli par les régiments de ses vignes opulentes et si appréciées, Norroy qui garde le seul *menhir* de nos primitifs ancêtres, Norroy qui voisine avec Vandières, avec Champey, et qui regarde d'un œil discret la côte dénudée de Bouxières-sous-Froidmont, au faîte de laquelle passe la douloureuse frontière de 1871.

Dans la plaine, du haut de Mousson, on voit s'en aller la Moselle, nonchalante et comme grisée des splendeurs mussipontaines, la Moselle qui a déjà baigné les ruines du château de Marie Stuart à Custines, de Marguerite d'Anjou au Pont, et qui vient soupirer doucement au pied des murs abattus de Mousson.

Droite, elle s'en va maintenant vers Pagny, Arnaville et la frontière... et pour lui masquer son triste sort... les montagnes de France se sont avancées, se sont groupées en cercle... et c'est un cirque immense de Pont-à-Mousson à Pagny, un cirque de prairies, de vignobles et de boqueteaux, où semble finir la Moselle, où finit, hélas ! terre de France !

***

Sur les hauteurs de Mousson la Barroise, qui regarde Prény la Lorraine, il fait bon rêver du passé mort et songer à l'avenir. Les murs s'en vont, le long des trois enceintes, à moitié *boulés*, énormes encore avec des tours rasées, des pans de défense, des amoncellements de pierrailles, des restes de fortifications, des souterrains comblés, des chapelles défigurées et des puits aux margelles tout usées.

Un village est là, sous les ruines, entre les deux enceintes du mont, village menu qui s'accote aux murailles et dont les maisons basses sont faites de débris de tous âges.

Bizarrerie des choses ! Sur une porte de grange, une Madone de pierre est restée, sculpture naïve d'autrefois, et sur le socle on a écrit : *Regina pacis...*

Et la frontière est là, à quelques cents mètres à peine !

Mousson reste la grande blessée des anciennes guerres et la grande solitaire du pays lorrain.

Le silence règne là-haut, absolu, seulement troublé par le vent, la plainte éternelle de la terre qu'on a mutilée et qui vient pleurer dans les ruines séculaires de Mousson.

Autour de l'église trop rajeunie, autour des statues de saint Pion et de saint Cyriaque, l'herbe pousse dru dans l'intérieur du vieux donjon de Sophie et de Renaud de Bar... Des *ratles* pointent leur museau au-dessus des gens morts, et font le sabbat dans les souterrains où les hommes d'armes font défaut à la veillée.

Où est Jupiter tonnant et son temple capitolin de chez nous ? Où les preux chevaliers, où l'enfant du miracle, où les comtesses de Bar, où les chevauchées par monts et par vaux, où les appels affolés de Mandeguerre et les vivats des vainqueurs ?

Un peu d'herbe autour des grands murs, des ronces qui vous déchirent le front et les mains, des pierres qui fuient sous les pas... et c'est tout ce qui reste de Mousson, de tant de gloire et de tant d'actions héroïques.

Ils criaient : *Monçon ! Monçon !* les fiers défenseurs de l'énorme forteresse, pendant que les Lorrains d'en face leur répondaient : *Priny ! Priny !*

Aujourd'hui personne ne crie plus rien au sommet du vieux Mousson démantelé. Les ruines sont mélancoliques et se taisent devant les deuils et devant les tristesses des temps.

Les jours de gloire ont fui... Jamais plus Clovis n'y plantera l'oriflamme, jamais plus n'y flottera l'étendard de Charlemagne, ou le fanion aux deux bars accolés.

Seule, la devise subsiste, la devise éloquente du Barrois, la devise que les Messins peuvent voir flamboyer sur le ciel bleu des ruines lorraines :

« Plus penser que dire. »

***

Des hauteurs de Mousson, on peut essayer de reconstituer le château-fort féodal, les enceintes successives, l'emplacement de la citadelle romaine et de la forteresse barrisienne, tant de fois détruite et restaurée.

Voilà les cinq pans de murailles épaisses formant la suprême enceinte, avec leurs étroites meurtrières et leur galerie de mâchicoulis.

Voici la porte haute et la porte basse, voici la tour des Loups et la tour Mandeguerre qui gardait la cloche d'alarme, où les seigneurs avaient écrit :

Appelée suis Mandeguerre
qui fait venir, sans aller querre
ceux qui Mon Son peuvent entendre,
Pour lou droit du pays deffendre.

On n'entend plus le son de Mandeguerre par nos villages lorrains, mais les visiteurs graves et émus qui contemplent le paysage peuvent, des fois, entendre là-bas une autre cloche légendaire, la célèbre *Mutte* des jours de gloire et de triomphe.

En descendant par le chemin caillouteux, nous songeons à ces choses d'hier et d'aujourd'hui, à ces seigneurs, nos maîtres, à ces humbles serfs, à ces preux, nos ancêtres, à ces bonnes gens des siècles passés qui ont vendangé ces vignes, fouillé ces champs pierreux et gaulé ces noix fraîches et savoureuses qui tombent, en avalanche, sur le sentier dévalant.

Graduellement, à chaque pas en avant, les splendeurs du *beauvoir* disparaissent... on reprend pied en plaine mosellane, sur la grève qui fut *Pons ad Montionem* et qui reste aujourd'hui la ville si charmante et si gaie de Pont-à-Mousson de Lorraine.

Je ne sais si les fameuses écrevisses font toujours des ravages dans les cabinets particuliers de la bonne ville d'Au-Pont, mais on y trouve encore un petit vin gris qui ravigoterait joliment les vieilles comtesses de Bar et les rudes gaillards de Mousson, je ne vous dis que ça !

En haut de Prény

Au bout du monde, à un suprême tournant de Moselle, entre le Rud-Mont et la Côte-de-Faye qui regarde Corny et Novéant, un mont chauve s'avance entre deux bois qui enserrent ses flancs : la colline escarpée de Prény, qui vient directement de Thiaucourt et s'en va mourir doucement aux vignobles de Pagny, face à cette frontière qui, bizarrement, serpente en les prairies.

Ce fier promontoire de 365 mètres est encore un des Thabors de notre Lorraine, une motte héroïque qui a sa glorieuse histoire, et dont les ruines gigantesques émeuvent l'étranger et le touriste d'un jour.

> Ils crialent : Priny ! Priny !
> L'enseigne au riche duc Ferry
> Marchis entre les trois royaumes.

Et ce vieux *cry* de nos pères, ce cri jeté à l'aventure en tant de luttes féodales et tant de combats meurtriers, nous le répétons sous la tour des Oublis, pendant que souffle en bourrasques froides le vent de septembre finissant.

Ils criaient : Priny ! Priny !

Et il est là, devant nous, le vieux castel des ducs lorrains, énorme dans ses constructions millénaires, que les temps ni les hommes n'ont pu anéantir, immense sur l'horizon de Moselle, regardant Mousson aussi mélancolique, aussi dévasté, regardant le Saint-Blaise où le soleil fait miroiter les yeux d'acier des canons germaniques.

Prény, c'est la vieille Lorraine des premiers âges féodaux; c'est le souvenir grandiose des Ferry, des Mathieu et des Raoul; c'est la forteresse inexpugnable, bâtie par des êtres quasi-surhumains, et qui portait, avec Amance, la bannière d'or aux trois alérions d'argent, voletant sur la bande sanglante de *gueules*.

Ce n'est plus le panorama splendide de Sion ou de Mousson, plus l'envolée superbe sur la Lorraine de Moselle et de Seille, plus même le charme pénétrant de Liverdun et de Toul... c'est ici le guerrier casqué et tout armé, c'est Mandeguerre encore debout et que les boulets de pierre ont à peine effleurée, c'est, entre Metz et Bar, entre les trois royaumes de France, d'Allemagne et d'Austrasie, une rude sentinelle qu'il était téméraire d'attaquer et plus téméraire d'emporter d'assaut.

Et pourtant, du haut de Prény, au sommet des ruines du donjon, par les ouvertures béantes qui plongent dans la vallée... on peut voir encore bien des choses, on peut se rappeler les attaques et les sièges, les entrées triomphales de nos ducs et la fuite honteuse des ennemis.

Autour des ruines, comme à Mousson, sous la formidable menace des écroulements — qui ne viennent heureusement pas — le village de Prény s'allonge en serpentant, village quelconque à église banale où pourtant rayonne une Vierge antique, qui fut propice aux serfs d'antan plus peut-être qu'aux souverains de chez nous.

Immenses, à l'entour du promontoire, les murailles de la forteresse s'en vont, avec leurs tours aux meurtrières fermées, leurs bastions et leurs souterrains mystérieux, avec leurs créneaux et leurs pont-levis, avec leurs corps de garde à ogives, les puits fameux de l'enceinte, et, géante, la Tour des Oubliettes, où, sur un lit de pierres dures, achevaient de mourir — morts au monde — les vaincus et les malheureux.

Des gens d'humble condition, vignerons et laboureurs, ont bâti leurs demeures dans ces ruines, découvrant, à des jours, un conduit sous la terre, un escalier dérobé, des ossements humains et des armes d'autrefois.

Le passé a disparu, et pourtant il revit avec intensité dans cette enceinte reconnaissable, envahie par les herbes, dans ces fossés à usage de jardins et de chènevières, dans ces murs qui surplombent et dont les pierres taillées se descellent chaque jour.

Il revit tout entier, le passé de Prény, dans ce donjon terrible que nous parcourons à notre aise, sur cette place d'armes où nos pères s'exerçaient, le long de ces contreforts où venaient se réfugier les serfs de jadis et dans ces portes monumentales où l'on voit encore la coulisse de la herse protectrice.

Et, de ce *thabor* militaire, il nous semble voir dans la plaine, venant d'Arry, de Corny ou de La Lobe, l'évêque de Metz, Bouchard d'Avesnes, avec 4.000 fantassins et plus de 1.000 cavaliers, impuissants à se rendre maîtres de Prény; — il nous semble voir Etienne de Bar, en 1440, s'escrimant en vain contre la célèbre forteresse, et plus tard Louis XIII et Richelieu, fronçant le sourcil et disant qu'il fallait en finir avec ce nid d'aigle si dangereux.

Et l'on en finit, en effet, avec le château-fort de Prény, et c'est ainsi que succomba le boulevard des Lorrains contre toute entreprise du dehors.

∴

De Prény, la vue s'étend sur la vallée de la Moselle, depuis les bois d'Arnaville jusqu'à Mousson, en regardant les côtes d'Arry et de Vittonville, le champ de bataille où saint Bernard fit office de médiateur, l'humble chapelle de la Vierge de Froidmont, et surtout cette ligne singulière qui tombe soudain des crêtes de Champey, directement sur le fleuve.

Avant Pagny, c'est, à droite, la frontière de France, frontière qui a peur de s'aventurer dans le vallon rétréci, et qui, tout à coup, franchit la Moselle à la Lobe et remonte vite, vite, vite, sur Arnaville, le Rud-Mont, et les Gros-Bois de Gorze, où le 16 août 1870 se jouèrent les destinées de la patrie.

Aux pieds de Prény, la vaste bourgade de Pagny, opulente et fière de sa beauté, s'étend paresseusement, laissant couler en sa rue principale les eaux de Beaume-Haie, toute imprégnée déjà du fumet délicat de ses vignobles renommés et conduisant le voyageur à la maison natale d'Hercule de Serre, au buste en bronze du célèbre orateur et justicier, à l'église trop barbouillée par un quelconque Athanase, et à un castel antique où les fondateurs ont gravé dans le marbre ces devises : *Virtute duce, Comite fortunâ.* Ce qui veut dire en bon français qu'il est facile d'avoir la vertu pour guide quand on a la fortune pour compagne.

Des gens, par exemple, qui négligeaient les richesses et pratiquaient les vertus les plus sublimes, c'étaient ces moines de Saint-Norbert, établis sous Prény, dans un gracieux vallon solitaire, à Sainte-Marie-aux-Bois, berceau des Prémontrés lorrains.

Là encore, sur un ruisseau qui conflue au Trey, en plein vendangeoir de Lorraine, il y a des ruines fort curieuses et qui émeuvent l'âme, des ruines qui font souvenir à ces âges lointains, où les cœurs épris d'idéal et de divin, se refusaient aux tendresses humaines pour vaquer à l'éternelle consolation des Thébaïdes sauvages.

En suivant ce val ignoré de Sainte-Marie, dans la douceur d'un soir de septembre, nous arrivons à Villers-sous-Prény, aux gracieux campements d'abeilles, une vraie tribu qui a dressé là ses tentes minuscules et qui œuvre, elle aussi, pour façonner le miel, le nectar des humains. Des fanfares sonnent aux alentours du camp des mouches... c'est la retraite vespérale et le rappel des ouvrières attardées. Et une grande paix descend sur les ruches après la bonne journée de labeur : *Mel in ore, in aure melos, in corde jubilus.*

***

A Vandières, aux deux poivrières élancées, à Vandières qui vit naître le bienheureux Jean de Gorze, ambassadeur impérial vers les Maures, c'est déjà le branle-bas des vendanges et comme la veillée des armes au *pourchas* des sangliers dévastateurs.

On se croirait au temps de la vieille Rome quand il y avait *tumulte*... le village vigneron est sens dessus dessous, les voitures sont sorties et aménagées et *montées*; on a réquisitionné les cuves et les bouges, les madriers pesants et les énormes pressoirs aux vis criardes de vieux bois.

C'est la vendange, c'est la saison des bacchanales et des joyeuses lampées en « tuant le chien ».

Et, derrière une porte bien close, sous le clair regard du feu qui pétille dans l'âtre, ces bonnes gens de Vandières, qui font mourir proprement les bouteilles, nous content ainsi leur journée de vendange :

⁂

Au lit, ce dimanche-là de septembre finissant, l'homme et la femme s'étaient ainsi parlé, le matin, devant que la cloche ait annoncé lentement le retour du jour emmy le vallon mosellan :

— L'après-dinée, s'il « fait meilleur que hier », nous irons dans nos vignes, pour « voir qu'est-ce qu'elles disent et qu'est-ce qu'elles font ! »

Et, voyez donc, il faisait justement beau, très beau... trop chaud même en grimpant le coteau, où les arbres à fruits, dépouillés, laissaient jaunir leurs feuilles, où déjà l'on sentait mourir les choses et s'épanouir comme à regret les fleurs d'or de l'automne.

Aux vignes, par les sentes, un peu grasses des pluies tièdes tombées les huit jours précédents, il y avait des coins tout entiers demeurés « bels et verts », il y avait d'autres *tirées* sèches et comme grillées, des *poinces* où les feuilles avaient disparu, où les raisins, très nombreux, avaient donc moult de mal à noircir.

Ici, les ceps restaient vigoureux et tenaces, et les graines se maintenaient bien fermes; plus loin, les vers et la pourriture commençaient leur œuvre de dévastation... et c'en était d'une tristesse désespérante; plus loin encore le raisin ne mûrissait qu'à regret, pas juteux pour deux liards, la queue *fidche* et pendante, déjà frappé aux sources de la vie.

Et les gens de Vandières et de Norroy, de Pagny et de Villers-sous-Prény, en voyant les vignes à point, en sentant le petit vent frisquet du soir, en égrénant quelques *fils* d'argent tout dorés, se dirent d'un commun accord :

— Il faut faire la vendange, et plus tôt que plus tard !

***

Le soir même, pendant que les ménagères allaient recruter par le village des femmes et des *baisselles* vendangeuses pour couper le raisin dans les *sayattes* ou les paniers d'osier, les hommes, avec leurs proches et leurs voisinages, préparaient les voitures, les tendelins et les cuves... heureux quand, au moment de la hisser sur le chariot, « la bougre de cuve », encerclée de fer tout rouillé, ne *tombait* pas en javelle.

Pour les rendre *tanches*, tous ces *affutiaux* de l'annuelle vendange lorraine, on les trempait dans l'eau, on resserrait les douves, on tapait dur sur les cercles, on enduisait les jointures avec de gros « bondons de cochon » ou de la couenne de lard.

Et puis, v'lan, d'un coup sec les cuves étaient calées, une grosse et une petite, deux sur un même chariot, avec, par dessus, des *fronges* de pommes de terre ou des *jamberons* de grosses fèves.

A l'entour, des cordes pour les maintenir et les empêcher de « quibouler dans la berme », en descendant les voies charretières, tout du long de nos côtes à vins.

A la maison, on avait réquisitionné tous les paniers, toutes les *embèches*... et des ciseaux, des couteaux tout rouges, qui ne servaient que ces jours-là, des serpettes et des cisailles menues pour trancher la queue net et ne pas *dégrainer* le fruit.

*
* *

Au matin du premier jour semainier, par la buée blanche et frisquette qui enveloppait le finage, on s'en était venu — tous les gens de la vendange — à la queue leu-leu, par des sentiers grimpants, jusqu'à la vigne choisie qu'on allait dépouiller rapidement.

Et ç'avait été vite, *très vitement* fait... par le petit brouillard fin qui tombait, par le clair soleil qui se levait plus tard, par le chaud du jour qui fait couler des sueurs sur les fronts hâlés.

Plus bas, dans les prés fanés, des vaches broutaient, à leur aise, parmi « le deuil violet des colchiques », *chandelles* ou veilleuses alignées, messagères du grand sommeil de la nature... et, sous les saules, près du *breuil* coulant limpide en chantonnant, on avait étendu la grosse nappe de chanvre où la *chiquaille* voisinait avec le « pain de ménage », des miches de huit livres, malheur !... avec des poires et des noix, avec des quoiches et des pommes tallées.

Ah ! les dîners de vendange aux alentours de Pagny ! une énorme trique de pain rassis, avec un bon bout de lard froid, garni de brun, avec du jambon et du saucisson, puis, la soupe chaude dans le *pot de camp* garni de légumes succulents... et, des fois, des raves grosses comme le bras, des pêches veloutées et juteuses... et, vous pensez bien, les plus beaux raisins démêlés par la première des coupeuses.

Et, pendant que les hommes se « r'en allaient » avec un fameux chargement, compté en bâtons de craie ou en entailles de couteau sur la cuve, pendant que les gamins « se coursaient » à travers ceps en brisant les *paisseaux* tout déjetés, les femmes reprenaient leurs ciseaux, leurs paniers, et y allaient de bon cœur, à cette *moissonnée* des fruits noirs, à cette cueillette des raisins destinés au foulage des cuves et à la meule du pressoir.

L'œuvre bonne et sainte de la terre lorraine, une fois encore, était accomplie, malgré les temps, et les *menres* gelées, et les pluies abondantes, et les grillades de soleil, et les maladies étranges aux si drôles de noms.

Nos gens du val de Moselle, ils n'allaient plus à l'assaut de Prény ou de Mousson, criant le vieux : *Priny ! Priny !* de leurs pères..., mais ils revenaient des champs, avec leurs voiturées pleines, victorieux des saisons, et chantant par les sentiers des vignes :

C'est à boire,
A boire, à boire,
C'est à boire
Qu'il nous faut !

Liverdun de Lorraine

Liverdun, fantaisie champêtre en cinq actes et je ne sais combien de tableaux, Liverdun, perle de Moselle et du pays lorrain, sourire exquis de la nature, petite Suisse en miniature, Liverdun, coin du rêve et de la féerie, qui donc un jour pourra célébrer dignement tes splendeurs ?

On va loin pour trouver des sites merveilleux et grandioses, charmants et reposants... et nous avons l'Eden à nos portes, le doux Paradis de Liverdun.

Premier Tableau. — *La Vallée des Soupirs*

Sur l'eau qui tourne, claire et blanche sur les galets polis, verte et profonde sous les taillis épais de la Flie, des ponts sont jetés, en un prodigieux décor... vraie rue des Ponts, dans ce paysage enchanteur, où le génie humain « a bouclé la boucle », ponts du chemin de fer et du canal, ponts très laids réservés aux piétons auprès des bacs séculaires, pont-tunnel qui, d'outre en outre, a percé la montagne du bois Hazotte.

Il y a deux placettes aux abords de Liverdun, entourées d'arbres antiques, deux placettes aux vieux Bon Dieu de pierre, tout usés et tout meurtris, la croix d'en bas, près du canal, la croix d'en haut, où saint Euchaire, un jour d'antan, déposa bellement sa tête sur un roc.

La croix d'*ambescole*, au milieu de ses arbres verts, est encombrée de menuiseries, de charronnages et de multiples embarras. C'est un lieu lumineux et très doux, près des eaux et près des ponts, à l'entrée du bas Liverdun, un lieu paisible qu'on aimerait voir mieux entretenu et soigné avec plus d'amour.

Par fond de val, on monte... lentement on monte sur le tunnel où passent les bateaux, dans l'obscurité de 388 mètres.

Et c'est soudain le décor du premier acte de la féerie liverdunoise.

La toile se lève sur un tapis de verdure d'une part, les futaies de la Hazotte aux grimpées hardies et moult raides, les arbres magnifiques qu'un bon génie des eaux et forêts a disposés avec soin tout à l'orée du souterrain moderne.

D'autre part, c'est le raidillon du vieux Liverdun épiscopal, l'angle aigu du montet qui porte encore un pavillon de fière allure, avec ses panonceaux de la prélature, crossés, mitrés et timbrés de la couronne comtale des pontifes bouillants du Toulois.

Çà et là, des murs qui furent de solides enceintes, des pierrailles noircies qui bordent les héritages et qui séparent les *meix*, dévalant en ribambelles de vergers ou de vignes aux raisins déjà noirs.

De grosses tours rondes, démantelées et vides, puissances d'autrefois, assises en les herbages et pleurant leur vaillance perdue, sont là, à des intervalles de cerisiers et de noyers, des tours aux bases énormes et que du lierre encapuchonne... couronne de verdure aussi belle que les fiers créneaux de jadis.

Le val commence alors, vallon de grâce et de mystère, le val fleuri d'arbustes et de roses bruyères, le val où des roches sortent du vieux sol lorrain pour contempler les bonnes gens qui passent, stupéfaites et ravies.

Ce vallon de paix, solitude adorable au cœur des merveilles de Liverdun, s'en va, longtemps, longtemps, au milieu d'un ruban vert de minces prairies, entre les sapins noirs et les vergers, regardant les grottes entr'ouvertes, les rochers qui ont sauté le fossé, les pierres millénaires que les pluies ont lavées et lentement pénétrées.

Passent, rapides — pendant qu'il *brussine* un peu là-haut, des *borgnes* aux mouvements graciles, bêtes rampantes qui vont rendre visite aux pierriers des évêques, de jolis écureuils croquant la noisette du bois, voire une femme en jupon court, revenant, la hotte à son dos voûté, de chercher la luzerne pour ses lapins.

Aucun bruit ne monte des alentours mosellans : c'est la grande paix des bois, dans la douceur mouillée de septembre.

2ᵉ Tableau. — *Le Burg féodal*

Du haut de Saint-Euchaire, à la croisée des routes, le panorama est splendide sur Liverdun, perché au faîte de son montet, sur la boucle argentée de la Moselle venant de Toul et d'Aingeray, sur la courbe des vannes chantantes, éternelles berceuses de léans, sur la forêt qui domine les prés verts, forêt du Vaurot qu'on a ourlée d'un feston harmonieux, vert et rose.

Vieille, peut-être millénaire, haute et naïve sur la pointe de ce miraculeux *beauvoir* de Lorraine, la croix de Saint-Euchaire se dresse entre quatre tilleuls épais, mémorial de celui qui fut « de Grand, évêque débonnaire ».

C'est là, disent nos chroniques locales, qu'en l'année 362 (Julien l'Apostat ayant fait mettre à mort à Pompey l'évêque et *vingt-deux cents chrétiens*), c'est là que Monsieur saint Euchaire, sitôt qu'il eût le col rompu et la tête tranchée, se redressa soudain, prit cette sienne tête entre ses mains, les belles et les pures, et devant ses bourreaux stupéfaits (il y avait de quoi), quitta le champ des tombes et les corps gisants des nobles barons et chevaliers, pour s'en venir le long de la Moselle au lieu qu'on dit Liverdun.

Parvenu au sommet du thabor, au-dessus du fleuve clair et limpide, le dit saint regarda vers Toul la jolie, puis doucement, dessous un pin, il posa sa tête rompue et s'endormit dans le Seigneur.

J'imagine que vous n'en feriez pas autant... ni moi non plus. Du moins vous pouvez essayer, si le cœur vous en dit.

En attendant, visitons Liverdun, cette bourgade moyenâgeuse oubliée parmi nous, ce joyau de Nüremberg qui n'est comparable à rien et qui reste la pure, l'idéale merveille de notre terre, un véritable Chinon lorrain, avec, en plus, l'infinie douceur du paysage, la majesté du fleuve, les sous-bois délicieux de la Flie et cet accrochage hardi de maisons, campées fièrement au delà de la menue chapelle de la Blanche Mère de Dieu.

Liverdun est un bibelot d'art qu'il se faut garder d'abîmer ou de trop restaurer à neuf.

Ah ! les rues tournantes et grimpantes, les venelles en torticolis, les trappes de caves uniques au monde, les baies Louis XIII et les arcades de la place, les pierres qui n'ont plus d'âge et qui vous disent si gentiment le bonjour des vieilles choses passées, les *chanlattes* qui fusent en cascades, les saints tout usés, barricadés, enferrés dans des niches trop étroites, les sentiers qui finissent sur des impasses et des *reculorum* impossibles, les échappées de lumière sur la vallée, les retraits mystérieux, et par dessus tout, ce respect de l'antiquaille, du pittoresque et de la tradition lorraine !

Liverdun ! Mais oui, c'est une perle, la *Perle de la Lorraine*, n'en déplaise à Gérardmer des Vosges, pourtant si joli !

C'est le *mirador* des vannes et des îlots sablonneux; c'est la vue splendide sur les terres et les bois des Corbin, les nouveaux marquis de Carabas que les gens de Liverdun dénomment : les riches châtelains de chez nous; c'est la maison du Gouverneur, où de monumentales cheminées de la Renaissance chauffent les poutres du plafond et font craquer les armoires et les vieux bahuts sculptés; c'est l'ancien évêché, dont la porte semble faite pour soutenir des sièges ou pour enfermer de lourds carrosses dorés; c'est aussi l'église, haute et large nef ogivale, assise sur une cale des âges romans, église fleuronnée de sculptures, enrichie du tombeau restauré de saint Euchaire, et toute engravée d'inscriptions gothiques redisant les gens du lieu disparus depuis cinq siècles.

Il est là, somptueux et tout rayonnant, le tombeau d'Euchaire le martyr, avec ses richesses de l'art de la Renaissance, avec sa statue de l'apôtre, à la crosse mutilée, hélas ! avec le sarcophage primitif qui reçut « l'homme sans tête de l'ancien Liverdun ».

Belle, la rivière passe au fond du val de bénédiction, chantant sans fin l'hymne d'amour et la gloire d'Euchaire, le saint patron de Liverdun.

3e Tableau. — *La Boucle de la Moselle*

Droite, entre deux rangées de saules au feuillage cendré, la Moselle arrive de Toul, roulant du sable, entraînant des cailloux polis, apportant la vie et la fertilité.

Et devant les rochers du Saut-du-Cerf, sous Vaurot qui jette une pointe de prairie en manière de fermoir d'émeraude, notre rivière commence sa boucle, la courbe adorable qui va finir à l'entrée du tunnel, sous les trois ponts de la Fourasse.

Des trains la coupent, la boucle mosellane, et la *bouclent* cent fois par jour... et c'est un charme de plus, sous la merveille qu'est Liverdun, que ces arches se reflétant dans l'eau moirée, que ces panaches de fumée blanche qui courent, ouate impalpable qui va se fondre dans les bois.

Les décors changent et changent à l'infini... à chaque pas, Liverdun modifie ses aspects... et c'est l'au-dessus splendide des vannes, le grimpée des ronciers et des sapins, l'envahissement du talus raide par les broussailles; et c'est aussi la tournée des moulins, la masse imposante « du petit château de Blois », aux créneaux très modernes; et c'est la placette à mi-mont des écoles et de la mairie; et c'est aussi l'étagement bizarre des maisons, des contreforts et des toits.

La Moselle tourne... et ce sont les îles de sable, l'île médiane des peupliers, où Jean-Jacques aurait aimé dormir, bercé par la chanson de l'eau de chez nous !

O vannes de Liverdun, îlots charmeurs chantés par les poètes, adorés des baigneuses, célébrés par les peintres, fréquentés par les pêcheurs, quelle est donc votre chanson, la même sous le soleil estival ou les tempêtes de ventôse ?

Est-ce point le chant de guerre de nos pères, le bardit des primitifs Gaulois, ou bien les plaintes douloureuses des mères après le combat meurtrier, ou plutôt le triomphe des naïades, des vierges des eaux glauques, voire simplement la bonne chanson de vie, de l'hyménée sans fin des êtres de chez nous ?

En les bosquets qui contournent ces îles aux vannes susurrantes, j'ai vu, bien heureux, des couples disparaître, comme entraînés vers les grottes des eaux claires; le long du fleuve à la boucle d'argent, j'ai vu des familles en joie, oubliant là les heures fugitives; sur les flots rapides, entre les escadrilles de canards, j'ai vu passer des barques, chargées d'élégants canotiers, pendant qu'aux champs voisins, alertes et vives, les paysannes lorraines, en camisole et jupon rayés, soulevaient les gerbes et ouvraient le sol à grands coups de hoyau.

Et, dans les recoins agrestes de la sylve ténébreuse, il y avait toujours des citadins mollement étendus, près d'une source au pur cristal; et, le long de la Moselle, toujours des pêcheurs aux gaules flexibles, amorçant les poissons, ces beaux poissons qu'on voit reluire comme des plaques de métal au fil de l'eau, ou bien remonter le courant sur les pierres moussues du fond.

4e Tableau. — *Le Tour de l'Eau*

Si jamais vous allez en Liverdun de Lorraine, et que vous ayiez « du temps grand » devant vous, faites donc un peu le tour de l'eau, la *promenée* savoureuse de la boucle, le long de la rue des Ponts de Liverdun; de Vaurot à la Flie, et du récent castel de M. Noël, à la Fourasse et à la côte de Limont; rien, chez nous, ne peut donner une pareille impression de bonheur champêtre, de *régalée* des yeux, de senteurs embaumées.

L'eau coule, coule rapide, effrangeant la prairie, et clapotant sur ses oreillers de cailloux arrondis; elle court en vaguelettes si menues qu'on dirait un plissement de soieries, une ceinture de mariée qui frissonne; elle court, blanche ici, là-bas d'un vert d'émeraude ou d'absinthe, belle, fraiche et parfumée de toutes les odeurs de la terre lorraine et des électuaires de nos bois.

L'eau coule, entre les ponts de sa boucle d'argent... elle passe à la Flie où des taillis soupirent les romances et les idylles des Nancéiennes, où d'alliciantes tonnelles joignent leurs branches en berceaux d'amour, où des sentiers égarent les pas... les pas de ceux qui rêvent solitaires, ou qui redisent l'éternelle *dirie* des cœurs : Aimer, être aimé, tout est là !

L'eau coule, l'eau blanche et claire de notre Moselle liverdunoise, devisant avec le grillon et la sauterelle, l'oiseau des bois et le *bouxel* fuyant la gaule, et racontant à ces êtres aux jours brefs, ce qu'elle a vu, tout ce qu'elle a vu dans sa boucle d'argent du cher pays lorrain.

Ce furent, étranges, les peuples de la préhistoire, Gaëls, Kymris, Keltes ou Franks Ripuaires; — ce furent les hardis dresseurs de murailles, les maçons vaillants qui bâtirent les tours et posèrent les enceintes; ce furent les gens batailleurs qui firent des sièges et périrent en le vallon ou dans les eaux rougies de sang; ce furent aussi des cortèges de prélats et de moines, de turbulents chanoines et de fiers bourgeois de la cité leuquoise au verbe haut, à l'action violente, aux vouloirs entêtés.

Entre les ponts de la Moselle, dans la boucle de Liverdun, face au *beauvoir* du martyr saint Euchaire, oui, c'est un charme sans pareil que d'errer longuement, en le rayonnement d'un après-midi de septembre.

5e Tableau

Apothéose : Le Paradis de la Lorraine

A la tombée du soir, nous en revenant par les bois aux dessous tout mouillés, nous rêvions à ce doux pays de Liverdun, si rempli de souvenirs et de troublante poésie.

Là, vraiment, la tendresse est plus grande pour les êtres et pour les choses; là, dans cette boucle argentée de la Moselle, au fil de l'eau claire, les heures passent, insouciantes et légères, et il semble bien qu'il y a du bonheur à plein cœur dans ce séjour de paix, dans ce coin de verdure, en ces prés et ces bois, le long de ce cirque où grimpent les vignes et les noyers opulents.

Là-haut, pointe le clocher, l'aimant mystérieux vers le ciel; là-haut gît, sous sa dalle historiée, le bon martyr, Euchaire le décollé, la tête droite entre ses mains fuselées; là-haut, les toits fument pour la familiale *becquée* du tantôt; là-haut, en des vols fous d'oiseaux gazouilleurs, passent de noires hirondelles et des moineaux bavards, annonciateurs des apothéoses et des couchers de soleil en terre lorraine.

Liverdun s'illumine tout entier : tour à tour, on voit s'embraser la cité; l'écarlate, le pourpre, l'orangé, les tendres rosis, le vert d'eau et les violets étranges lui donnent des aspects féeriques, pendant qu'au ciel déjà noir, un machiniste imprévu allume le triple effet de la finale apothéose : clous d'or par myriades, feux blancs des astres infinis, disque radieux de la lune, la blonde Phœbé qui se lève, craintive et tremblante pour admirer à son tour et nimber d'argent le clair paysage de rêve, le Paradis lorrain que nous appelons Liverdun.

Le Mont Saint-Michel de Toul

— Qui qu'en grogne ? Qui ?

Et, bellement étendue entre la Moselle et le canal, *encorselée* par le génie de Vauban dans une ceinture ennéagone, la leuquoise cité de Toul regarde fièrement vers Metz, du haut de son Saint-Michel, effroyable bastide qui semble dire aux côtes de là-bas : Qui qu'en grogne ? Qui ?

C'est qu'elle n'a plus peur de personne, l'antique cité des Leukes, la ville des prélats opulents et des bourgeois indisciplinés... elle n'a plus peur, car elle est désormais inviolable et indomptable.

Ce n'est plus l'*urbs pia, prisca et fidelis* des âges de foi robuste et naïve; plus même la cité puante, sonnante et médisante » des envieux proverbes de nos pères... c'est Toul « *vibrante, vaillante et triomphante* », sentinelle avancée de France, gardienne vigilante de notre Lorraine.

Là-bas, sur les grèves du pays d'Armor, se dresse, géant, le Saint-Michel du Péril de la Mer... ici — comme l'a dit un des nôtres — surgit au cœur de la patrie lorraine, le Saint-Michel au Péril de la Terre, boulevard inexpugnable qui domine nos vallées et nos plateaux à près de 400 mètres vers le ciel.

⁂

Aux approches de Toul, en descendant du *beauvoir* du Saint-Michel, il y a une belle dame coiffée d'un bonnet phrygien, qui brandit d'une main un drapeau tricolore dont le rouge est très vif, et de l'autre offre des fleurs aux passants, des fleurettes roses ou violettes, vertes ou multicolores, à qui en veut, à qui en désire, s'il est né tout simplement sur les bords poétiques de l'Ingressin.

« — Fleurissez-vous, Messieurs, vous du moins qui portez un T fleuronné d'or sur votre pourpoint démocratique, fleurissez-vous bien, fleurissez-vous vite... l'heure est propice... mais elle peut être brève ! »

Et ces gens passent, en escadrons volants, tous largement fleuris en effet, de gai visage et de radieux contentement, redisant les doux vers du poète :

Aux beaux Messieurs toulois IL donne la parure
Et SA bonté s'étend sur toute leur *nature*.

IL, c'est le bon génie de ces lieux enchantés, le député-maire et sénateur... et *leur nature*, c'est le val célèbre de l'ultime boucle mosellane, entre Gondreville et Chaudeney.

⁂

La ville de Toul, aux temps actuels, est une curiosité dans notre Lorraine, on pourrait dire en toute notre France.

Trois villes absolument diverses s'y juxtaposent sans se confondre : la cité religieuse des évêques disparus, la ville des bourgeois et de l'ardente démocratie, enfin le camp retranché où 15.000 hommes préparent la défense au milieu des casernes et des forts gigantesques.

C'est de ces trois villes de Toul que je voudrais parler, les ayant comme embrassées toutes du haut de ce Saint-Michel effrayant, qui est bien le plus formidable appareil de guerre que la France ait dressé sur sa frontière ouverte, en notre sol mutilé et meurtri.

La Cité épiscopale

Par les vignes, les bonnes vignes du Toulois qui valent mieux que le charroi, et qui, cette année, sont toutes noires et juteuses, un sentier, dix sentiers grimpent aux flancs abrupts du Saint-Michel, en zigzags impossibles, coupés brusquement par des défenses, des poteaux, des ferrailles et des pierriers entassés.

Malgré la défense, je monte, je monte encore, sous le couvert d'un jeune dessinateur militaire, je monte, si haut qu'on peut monter, là même où l'on a hissé sur l'abîme la masse énorme d'une caponnière, et un mur à pic défendu par une grille qui arrêterait les Titans.

La brume qui couvrait Toul et la vallée de la Moselle a complètement disparu... çà et là, des franges de mante grise s'envolent du côté des Vosges... et le panorama se déroule... l'un des plus beaux de toute la terre de Lorraine.

D'un seul coup, les points de repère sont fixés. Là-bas, voici l'éternelle ligne bleue qui estompe l'horizon, les Vosges aux croupes puissantes, aux majestueux ballons : face à nous, deux yeux noirs nous fixent étrangement : c'est le fort de Pont-Saint-Vincent, embué par les fumées des forges et des aciéries; c'est le plateau de Sion-Vaudémont, points culminants de notre terre lorraine.

Derrière, voici Mousson aux ruines mélancoliques, voici Prény qui n'est plus qu'un souvenir des âges héroïques, voici l'Argonne et les côtes de Meuse, et déjà les sentinelles de bronze qui défendent les approches de Verdun.

D'autre part encore, c'est le montet charmant de Liverdun, c'est Bouxières et c'est Condé, c'est enfin Amance, avec sa tête chauve coiffée d'un bonnet de coton, Amance qui contemple avec un religieux respect toutes les crêtes touloises, garnies de forts, de redoutes, de batteries et de canons.

Car les voilà toutes, en effet, les côtes de Toul, vineuses et fameuses; voici Blénod et son éperon gigantesque, voici le recul fortifié de Charmes et le morne pelé de Domgermain, cube immense qui semble une forteresse moyenâgeuse au-dessus de la coulée primitive de Moselle en Meuse.

Les côtes s'en vont, feuillues par le bas, dénudées aux sommets; et c'est Ecrouves qui pointe ses batteries sur la route de Verdun; et c'est Brûley aux redoutables défenses, et c'est encore Lucey qui répond aux appels de Barine et du Saint-Michel colossal.

Ces côtes... ces bonnes côtes de Toul, elles produisent un vin généreux et exquis, et maintenant, elles sont les piédestaux solides de la défense... et par centaines, les canons d'acier sont là, pointés en des directions voulues, dans les épaulements et les retraits inaccessibles.

Et du haut du Saint-Michel qui traîne au milieu de ses satellites de bronze, la ville semble menue, écrasée, vaste circuit de tuiles rouges, aplaties emmy les verdures qui ceignent les remparts de Vauban.

Comme elle est petite, cette ville de Toul, une vraie tarte aux quoiches nimbée d'angélique, avec, au centre, croquante monumentale, la splendide cathédrale de saint Gérard, le joyau de l'architecture religieuse en Lorraine.

De ce thabor où nous sommes, on ne voit qu'elle, la cathédrale de Toul, couvrant la ville de son ombre, elle et aussi sa délicieuse petite maquette inachevée, la collégiale de Saint-Gengoult.

Mais où sont les évêques, où les chanoines, où les moines moinant de moinerie, où les solennités de Saint-Mansuy et de Saint-Evre, où les chapellenies et les riches prébendes?

Mais où sont les évêques d'antan ?

Rajeunie après les sièges et les bombardements, la cathédrale de Toul reste la merveille de chez nous, avec sa façade de dentelles inouïes, avec ses tours fleurdelysées à l'infini, avec son cloître immense aux épitaphes séculaires, avec ses ogives en forme de mitre, avec le luxe de ses chapelles canoniales, avec la beauté de son transept et l'éclat de ses souvenirs historiques.

La cathédrale de Toul ! Quelle majesté dans l'ensemble, quelle grâce dans les détails, quelle richesse dans les décorations de la Renaissance, et dans ces deux chapelles en ruines des Evêques et des Onze Mille Vierges !

Voici le sépulcre de Gérard, l'homme de Dieu, voici le fauteuil de marbre des intronisations d'autrefois, voici les crânes des ancêtres, Mansuy, Amon, Aprône et Gérard, voici la Madone au pied d'argent, et voici le saint Clou du Golgotha; voici la Pomme d'or et le Bethléem du cloître; voici la statue de Jeanne d'Arc et l'image d'Henry de Ville.

Voici enfin les pierres qui parlent, par centaines encore, dalles effigiées des nefs, pierres engravées des piliers et des murs, simples *memento* du cloître, où j'ai lu cette naïve épitaphe :

« CY GISENT THIÉRIS ET JEHANS, ENFANS LOU MAIRE MENGIN DE TOUT MASSON QUE FUREST CLERS DE CUEUR DE L'ÉGLISE DE CÉANS. »

Ah ! les bons petits enfants de chœur des temps gothiques, les fils du maire de Toul, qui dorment là depuis des siècles et dont une vieille pierre nous a conservés les noms !

La ville épiscopale, on la devine dans ces rues tournantes et si étroites, dans ces vocables pittoresques de Corne-de-Cerf, Muid-des-Blés, Murot, Croix-au-Bourg, etc., dans ces hôtels aux curieuses sculptures et qui ont encore si grand air aujourd'hui, dans cet Hôtel de Ville qui fut l'Evêché des Drouas et des Camilly, et qu'on a si bellement restauré et ordonnancé.

La ville épiscopale, on la retrouve à Saint-Gengoult, bijou d'art exquis, précieux reliquaire de style ogival, dont le cloître est une pure merveille, dont les vitraux sont des chefs-d'œuvre, dont les châsses laissent contempler d'intéressants souvenirs toulois : ossements vénérés, costumes, étoffes byzantines, etc.

La ville épiscopale, elle est encore là-bas, aux deux faubourgs bénédictins, à l'abbaye de Saint-Mansuy, où se garde le tombeau de l'apôtre des Leukes, à l'abbaye de Saint-Evre, où l'on a enterré le bon curé Briel, l'un des héros du drame de Fontenoy en 1871.

Et ces temps d'autrefois, on les revit facilement à Toul, dans ces cloîtres où l'on erre, solitaire, sous ces nefs élancées que le génie de nos ancêtres a dressées en arrière de ces tours colossales, dont les voix de bronze ont tant de fois sonné l'alarme ou clamé la venue des pontifes, souverains temporels et spirituels.

Urbis pia, prisca et fidelis, c'est la devise de Toul, c'est le résumé de sa glorieuse histoire quand elle vivait sous la crosse et sous l'anneau.

Les Citains de Toul

Ces temps ne reviendront jamais plus. Sous les tombeaux de la cathédrale, gisent, éparses, les cendres des évêques, gisent aussi les privilèges, les chartes octroyées, les bulles d'or et les parchemins de franchise.

Toul, plus que jamais, est ville libre... et ses habitants le savent bien.

Turbulents, dit-on, à cause peut-être de ce vin généreux qui fait germer les idées et délier les langues... mais braves cœurs au demeurant, adorant leur cité, leurs vieilleries, leurs églises, tout leur passé historique, et ne permettant pas qu'on y touche, savez-vous !

Les Toulois sont fidèles à leurs traditions; fils des *citains* du Moyen-Age, qui plus d'une fois résistèrent aux évêques, ils ont gardé solidement, avec ces souvenirs héroïques, l'amour du panache militaire ou civil, le besoin de discuter ferme et de dire carrément leur avis sur toutes choses et sur toutes gens.

Ces Toulois du présent sont bien les descendants de ces Leukes dont parlait Tacite et qui chérissaient par-dessus tout « *rem militarem et argutè loqui* ».

Ils savent ce qu'ils veulent et ils le veulent bien, et ce n'est pas en vain que l'on a gravé sur le marbre cette phrase qui résume toute l'histoire moderne de Toul :

« LA VILLE DE TOUL A BIEN MÉRITÉ DE LA PATRIE ! »

Et du faîte du Saint-Michel, il me semblait que l'image de la France apparaissait sur la crête de Barine, et que l'Ange des combats montrant la ville de Toul à la Patrie la désignait encore à ses faveurs, à sa tendresse, à son amour.

Par les rues de la cité épiscopale, les bourgeois de Toul s'en vont, aussi le peuple, aussi les soldats, par milliers.

Ils s'en vont, de la porte de France à la porte Moselle, de la porte de Metz à la porte Jeanne-d'Arc, devisant de choses et d'autres, de la jolie fontaine de marbre blanc qui attend toujours son Paramelle, du musée Clairier aux taques de cheminées parfois polissonnes (le cygne de Léda en sait quelque chose), devisant aussi de la nouvelle sous-préfecture et du coquet théâtre rajeuni, et surtout de cette exquise bonbonnière qu'est l'hôtel idéal du Nancéien Richard, qui a déserté la cité ducale pour la ville des vieux évêques, et qui a créé une merveille de confort et de goût dont Nancy a le droit d'être jalouse.

Ils s'en vont, les gens de Toul, par les squares et les bosquets aux capricieux sentiers, le long des remparts et des fossés, promenade adorable, véritable couronne de verdure autour de la ville, ou bien aux rives de Moselle, chercher la « petite bête » qui attirera les bons poissons.

Les grincheux d'alentour disaient jadis : « Toul, ville puante, sonnante et médisante. »

Ces grincheux avaient bien tort. On nous a changé tout cela... si tant est que le proverbe fût vrai jamais !

Saint-Michel au Péril de la Terre

Ennéagone, avec ses bastions et ses demi-lunes, l'enceinte des remparts empêche la ville de grandir... mais du Saint-Michel tonitruant, on la voit tout de même se transmuer lentement en une cité de Mars, un camp formidable où évoluent près de 15.000 soldats.

Hors les murs, à côté des quartiers Drouas et de Rigny, on voit les bâtiments immenses de l'Arsenal, ce gouffre à millions où s'entassent les approvisionnements de tout genre; on voit les casernes et les baraquements de la Justice et d'Ecrouves; on voit les pavillons épars de l'hôpital militaire, et les magasins à fourrages, et les poudrières, et les parcs à obus, et les dépôts de mélinite, et les ballons captifs et les batteries avancées, et jusqu'à ces 388 kilomètres de voies ferrées, desservis par le chemin de fer Decauville, de l'Arsenal aux points extrêmes des forteresses des côtes.

Et cette ville militaire semble, de ces hauteurs, avoir englobé et conquis toute la région.

On ne voit que soldats, de toutes armes et de tous régiments; on n'entend que les appels incessants du clairon, on ne rencontre qu'estafettes et qu'officiers en reconnaissance. Les plus belles maisons, hôtels de chanoines, de gouverneurs, de gens de robe ou de bourgeois, tout est loué à des militaires... les héritages s'arrêtent au flanc des monts, les vignes ont même dû descendre pour faire place aux rideaux d'arbres qui cachent les travaux d'avancée des forts... et toutes ces côtes qui regardent Toul, sont aujourd'hui des volcans en repos, mais qui pourraient lancer des flammes et de terribles projectiles.

Même Barine, *tumulus* de granit des Leukes primitifs, Barine qui semble un catafalque immense recouvert d'un tapis de verdure à la base et couronné de noirs cyprès,

Barine est inaccessible, Barine est un mont chauve et désert, où l'on n'entend plus que la voix du canon et le sifflement des locomotives amenant les munitions de l'Arsenal.

Par-dessus tout cela, dominant le fleuve aux sinueux méandres, dominant la ville et les remparts, dominant les vignes qui semblent des pygmées à l'assaut d'un géant, le mont Saint-Michel trône, solitaire, auréolé d'argent sur l'azur du ciel, conscient de sa force et de sa puissance, et redisant à tous les monts qu'il contemple, à toutes les terres qu'il domine de sa masse :

« Ne craignez rien, je veille... et ce que je garde est bien gardé ! »

***

Au péril de la terre ! Ah ! c'est qu'à des jours, le Saint-Michel de Toul entend des voix lointaines, des voix de bronze qui ne sont plus françaises; c'est qu'à des heures, quand la pluie de septembre a bien lavé les horizons en vue, la montagne-sentinelle peut voir...

Elle n'ose plus dire ce qu'elle voit depuis quarante ans, et elle frémit de douleur et d'attente, là, dans ses chapes de ciment et de granit, dans ses caponnières et ses tourelles blindées, au péril même de la terre lorraine, en garde, toujours en garde !

Sentinelle, veillez !

APOTHÉOSE

La Grande-Aube

Levavi oculos in montes !

Je suis allé vers ces montagnes d'où nous viendra le secours... le secours d'En-Haut et le secours de nos armées valeureuses... j'ai levé les yeux... et j'ai vu la Grande-Aube qui s'avançait, annonciatrice des Temps nouveaux et de la France de demain.

C'était au signal de ce Plateau de Malzéville où, naguère, dans une poussière de gloire, j'avais vu évoluer notre 20e corps tout entier, sous les yeux d'une foule immense et du grand-duc Nicolas de Russie.

Aujourd'hui, le vaste plateau lorrain était désert. Personne, pas un être humain dans l'étendue.

Le sol résonnait, sec et pierreux; les bois étaient morts et tristes... et comme un vent de désespérance soufflait à travers les branchages desséchés.

Etait-ce la plainte des morts enfermés sous les tombelles éparses, dans les tertres géants qui seront comme les autels de notre foi patriotique ?

Et la Lorraine était là, toute... avec ses vallées et ses collines, ses plateaux sans fin du Vermois, de la Haye, de la Seille, avec ses côtes altières du Grand-Couronné, ses forts de Frouard et du Saint-Michel au Péril de la Terre... et là-bas, très nette sur l'horizon, la ligne bleue des Vosges qui s'effrangeait, du Donon à la côte de Repy.

Spectacle incomparable, panorama unique, thabor merveilleux d'où je croyais voir, à des lieues et dans trois directions très sûres, les trois radieuses cathédrales de Toul, de Metz et de Strasbourg !

La Lorraine était là, mutilée plus que jamais, semblait-il, foulée aux pieds par les barbares, écrasée par les vandales, anéantie par le fer et le feu !

Partout des ruines et encore des ruines !

Des ruines vers la Seille aux villages déserts, des ruines vers ce cher Pont-à-Mousson, où résonnait toujours la grande voix du canon; des ruines vers Prény et Thiaucourt, vers Flirey et Noviant-aux-Prés, vers Mars-la-Tour et Conflans-Jarny !

Des ruines quasiment sous mes yeux, avec les traces du bombardement de Nancy, avec Saint-Epvre aux vitraux brisés, avec nos monuments lapidés, avec nos morts, entassés au cimetière du Sud !

Des ruines encore vers la sainte colline d'Amance, montagne de Gelboë de notre Lorraine pour les mères et les fiancées teutonnes; des ruines vers Haraucourt et Réméréville, Maixe, Anthelupt, Crévic, Hudiviller et Léomont; des ruines surtout vers ces chers pays de Lunéville, de Gerbéviller, d'Arracourt, de Blâmont et de Cirey, dont les tortures furent indicibles !

Et pourtant, malgré cela... et sur tout cela, il y avait comme une poussière d'or impalpable qui se levait et embuait l'étendue.

C'était comme un voile féerique, quelque chose de ténu, de lumineux et de chaud qui s'adaptait à notre terre de Lorraine, qui la pénétrait pour la rendre comme plus claire et plus vivante jusqu'en ses lointains, jusqu'en ses moindres replis.

Et je pensais que cette Chose mystérieuse, que cet or fluide et si ténu, c'était tout simplement l'Ame de nos grands morts, l'Ame de nos chers soldats, tombés chez nous, en fière Lorraine, en douce France, en Belgique martyre, qui revenaient se fixer aux lieux qu'ils avaient aimés, près des êtres qu'ils avaient tant chéris.

Et cette Ame des morts, bercés par nos souvenirs et nos prières jusque dans leur tombeau, me semblait être animée de ce Souffle divin de la Vision d'Ezéchiel.

Les morts, tous les morts — plus vivants que jamais — nous disaient par cette Ame, à nous qui restons :

— Soyez unis et vous serez forts !
— Soyez bons et vous serez aimés !
— Soyez pieux et Dieu vous bénira !
— Soyez justes et vous serez grands !
— Soyez vaillants et l'avenir est à vous !
— Soyez des fils de la liberté et du droit, et vous serez des hommes d'honneur !
— Soyez de grands cœurs et vous sèmerez par le monde des vertus, de l'héroïsme, de la gloire et du bonheur pour tous !

Voilà ce que disait, par-dessus les vallées et les collines de chez nous, la grande Voix des Ames des Trépassés, de ceux-là qui, par milliers, ont si bellement donné leur vie pour la patrie.

Et n'est-ce pas l'Evangile des temps anciens et des temps nouveaux ? *nova et vetera* ? n'est-ce pas la Parole, toujours la même, de la Foi, de l'Espérance et de l'Amour ? n'est-ce pas le cri suprême de nos frères, de nos fils, de nos parents et de nos amis, tombés sous les balles et la mitraille... et dont la pensée suprême fut pour nous et pour Dieu ?

Demain, la Lorraine mutilée redeviendra plus belle; demain, sur les tertres de nos héros nous dresserons des trophées et des pyramides de granit; demain, la frontière va reculer, le fossé sanglant de 1870 va se combler, Metz et Strasbourg seront terre de France.

Et, là-bas, entre les tours fièrement casquées de Saint-Nicolas de Port, comme une devise d'espoir se dessinait dans la poussière de gloire... et clairement l'on pouvait lire ces mots :

ESPERANCE !

Espérance ! C'était la devise de nos ducs ! Espérance ! c'était la vertu la plus ancrée au cœur de l'homme !

Espérance et fiance !

C'était le bon vieux Patron des Lorrains qui déjà nous donnait la certitude de la victoire et nous montrait la Grande Aube du Salut de la France, l'Aurore des Temps nouveaux, l'Ere à venir d'une humanité meilleure et régénérée par le sacrifice, l'héroïsme, la résolution virile d'être à jamais des Fils de lumière et des Enfants de Dieu !

Ut filii lucis ambulemus !

TABLE DES MATIÈRES

Cet ouvrage a été terminé d'imprimer
aux premiers jours de Janvier 1916
alors que l'ennemi bombardait Nancy
par RIGOT ET Cie

www.ingramcontent.com/pod-product-compliance
Ingram Content Group UK Ltd.
Pitfield, Milton Keynes, MK11 3LW, UK
UKHW020247250726
13967UKWH00004B/1559

9 782012 858336